Rainer Langosch

Der Weg zum landwirtschaftlichen Erfolgsbetrieb

Mit System zum Top-Betrieb

Inhalt

Vorwort

Zukunft ist machbar! Sie findet nicht einfach statt. In der Welt des Unternehmers ist Zukunft das Ergebnis zielgerichteter Unternehmensführung. Sie beginnt mit der richtigen Analyse und Bewertung der Lage. Diese Analyse schätzt die eigenen Stärken realistisch ein; ohne zu übersehen, dass es auch Schwächen gibt – wenn man gründlich hinsieht. Sie erkennt Chancen und vergisst nicht, dass auch Risiken zum (Unternehmer-) Leben gehören.

Die Analyse versteht das Unternehmen als ein System, dessen Vitalität, Lebens- und Überlebensfähigkeit in einer veränderlichen Systemumwelt immer wieder neu zu beweisen ist. Darum verstehen wir ein Unternehmen als ein System – und behandeln die Fragen erfolgreicher Unternehmensführung „systemisch". Insellösungen, die Einzelfragen hinsichtlich der Vermarktung, der Produktion, der Personalführung, der Finanzierung oder der Investition isoliert voneinander betrachten, können zu optimalen Lösungen im Detail führen. Prima. Die spannendere Frage aber lautet: Helfen sie dem Unternehmen sich als Ganzes in seiner zunehmend komplexen und hoch dynamischen Umwelt zu behaupten? Komplexität ist der Sammelbegriff für die vielfältigen Einflüsse, denen die Unternehmensentwicklung unterworfen ist. Dynamik steht für die Geschwindigkeit und die Kraft, denen die Veränderungen dieser Einflüsse unterworfen sind. Es war noch nie einfach Chef zu sein, unternehmerische Entscheidungen zu treffen. Daran hat sich nichts geändert und daran wird sich nichts ändern. Es gibt keine Alternative zum systemischen Ansatz: Das Ganze verstehen bevor Entscheidungen fallen.

Denn das ist die Aufgabe und die Messlatte erfolgsorientierter Unternehmensführung: Verantwortung für das Ganze übernehmen. Es reicht nicht, Fachwissen zu haben, griffige Einzelansätze zu verfolgen, clevere Detaillösungen zu entwickeln. Das können auch Fachleute liefern, die im Unternehmen oder – als Berater – auf Zeit für das Unternehmen tätig sind. Fachwissen allein aber greift zu kurz. Es geht mindestens so sehr um Können wie um Wissen. Es geht darum das Zusammenspiel der Einzellösungen zu verstehen und zu gestalten.

Dies ist ein Buch über die Herausforderungen an die strategische Unternehmensführung und darüber ein Unternehmen konsequent auf Erfolgskurs zu führen und zu halten. Sie werden sehen, dass durchgängig den Aufgaben und Fragen rund um Personalführung und -entwicklung breiter Raum gegeben wird. Denn „gute Leute" zu gewinnen und zu halten steht ganz oben auf der Liste der Erfolgsfaktoren – mehr denn je.

Das System verstehen

Zunächst heißt es Maß nehmen. Woran erkennen Sie einen Erfolgsbetrieb? An den sogenannten „Faktorausstattungen" wie Hektar, Tierzahl oder PS? An finanzwirtschaftlichen Kenngrößen wie Gewinn, Deckungsbeiträgen oder Rendite? An Produktivitätsmaßen wie Dezitonnen pro Hektar, Herdendurchschnitt oder tägliche Zunahmen? Kaum! Die Antworten, die diese Maßstäbe geben könnten, sind nicht nachhaltig. Sie bieten Momentaufnahmen, bestenfalls Zeitreihen, die einerseits von richtigen Entscheidungen abhängen, aber auch von Marktentwicklung und „höherer Gewalt". Sie sind Hilfsmaßstäbe, mit denen in um äußere Schwankungen bereinigten Datenreihen über mehrere Jahre spezifische Leistungsdaten nachvollziehbar gemacht werden. Die zentrale Frage, ob nachhaltig erfolgreiche Unternehmensentwicklung stattfindet, ob der Kurs des Unternehmens als Ganzes auf Erfolg ausgerichtet ist, beantwortet sich im Kern an der Fähigkeit, die richtigen Entscheidungen für das komplexe System „Unternehmen" zu treffen und Verantwortung dafür zu übernehmen. Ein erfolgsorientiertes Unternehmen sucht seine Chancen – und geht damit zwangsläufig unternehmerische Risiken ein. Verwirklichen sich diese Risiken, können daraus – bei aller vorausschauenden Vorsicht – Unternehmenskrisen resultieren. Auch damit muss Unternehmensführung fertig werden können.

Auf Ballhöhe bleiben

Unternehmensführung und –entwicklung in arbeitsteiligen Systemen stehen auf vielfältige Weise in Austauschbeziehungen mit der Unternehmensumwelt. Änderungen dort, im Umfeld, lösen Veränderungsimpulse hier, im Unternehmen, aus. Darum gehört es zu den Aufgaben erfolgsorientierter Unternehmensführung sich mit den Trends auseinanderzusetzen, die sich auf die Folgen Ihrer Entscheidungen und so auf den Erfolg Ihres Unternehmens auswirken. Sie werden der Sichtweise folgen können, dass die Umsetzung unternehmerischer Entscheidungen verlangt, Beziehungen zu gestalten: Aktiv, konsequent vom eigenen Unternehmen her gedacht, aber stets im Blick behaltend, dass der Erfolg davon abhängt, Sichtweisen, Interessen und Erwartungen anderer bereits in der Entscheidungsfindung zu berücksichtigen. Seien es der Anteilseigner, der Mitarbeiterinnen und Mitarbeiter, Kapitalgeber, Lieferanten, Dienstleister, Verpächter und anderer mehr. Unternehmersein hat heute und künftig weniger mit dem Ideal eines letztlich einsamen Helden zu tun als vielmehr mit der Fähigkeit in Netzwerken zu navigieren, sie zu knüpfen und zu pflegen. Daher spielt die Gestaltung von Kooperationen eine wichtige Rolle in dem Teil des Buches, in dem Sie praktische Hinweise und Werkzeuge finden, um diese Aufgaben zu erfüllen.

Beziehungen gestalten: Nach innen und nach außen

Maßgebend sind die Qualität der Unternehmensführung, die Fähigkeit Entscheidungen zu treffen und zu verantworten sowie zunehmend der gekonnte Aufbau und die Pflege von Beziehungen und Netzwerken, ohne die in hoch arbeitsteiligen Leistungsprozessen kaum noch etwas funktioniert. Kooperation und Zusammenarbeit ins Unternehmen hinein und über mehrere Wertschöpfungsebenen hinweg in den vor- und nachgelagerten Bereich können Hebelwirkungen freisetzen, die zur Vervielfältigung der eigenen Stärken führen. Daher gibt dieses Buch auch keinen Katalog von „Benchmarks“, Kennzahlen für ehrgeizige Unternehmensziele, wieder. Es zeigt in den verschiedenen Bereichen der Unternehmensführung Perspektiven und Ansätze, die Kooperationsstrategien zu erfolgreicher Unternehmenswicklung werden lassen.

Im Buch kann es nicht darum gehen, einzig wahre und immer währende Antworten zu geben. Es geht vielmehr darum, zur Auseinandersetzung mit den Erfolgsfaktoren im eigenen Betrieb anzuregen, Wege zu zeigen, die Entwicklung nehmen kann, Möglichkeiten vorzustellen, die sich oft schon aus der Veränderung des Blickwinkels eröffnen. Die Leserin, der Leser wird auch an der fundamentalen Wahrheit nicht vorbeikommen, dass es letztlich immer (auch) Aufgabe der Unternehmensführung selber ist Erfolgsmaßstäbe zu setzen. Benchmarks für den erfolgreichen Produktionsbetrieb suchen Sie hier vergebens.

Es ist von Vorteil für Sie, wenn Sie den Band „Erfolgreiche Unternehmensführung in der Landwirtschaft. Das Fitnessprogramm für Ihren Betrieb“ aus der Reihe „Praxis Betriebsführung“ gelesen haben. Voraussetzung für das Verständnis der Inhalte dieses Buches aber ist es nicht.

Unternehmen oder Betrieb: Eine etwas willkürliche Unterscheidung

Die begriffliche Unterscheidung zwischen Unternehmen und Betrieb verläuft im Folgenden an der Nahtstelle zwischen strategischer und operativer Dimension. Die strategische Dimension bezeichnet die langfristigen, ganzheitlichen, strukturellen Aufgaben und Fragen der Führung. Zur strategischen Dimension zählen auch diejenigen Entscheidungen, deren Ergebnisse von mehr als nur dem Entscheider abhängen und die daher auf die Mitwirkung von außenstehenden Beteiligten angewiesen sind. Zur operativen Dimension zählen in Unterscheidung von der strategischen Dimension die auf das betriebliche Tagesgeschäft bezogenen Entscheidungen und Maßnahmen. Selbstverständlich ist diese begriffliche Unterscheidung nicht gänzlich trennscharf – wie sollte sie auch. Sie ist wissenschaftlich nicht eindeutig belegt – aber in der Praxis zeigt sie sich als hilfreich, um die unterschiedlichen Dimensionen anzusprechen. Sie folgt der Logik von Franz-Josef Strauß, der einst Helmut Schmidt zurief: „Besser ungefähr richtig als haargenau daneben." Sie passt zu der Unterscheidung der Perspektiven für die Führung: Die Innensicht, die sich aus der Froschperspektive eher auf die betrieblichen Abläufe konzentriert gegenüber der Außensicht, die aus der Vogelperspektive eher das Große und Ganze in den Blick nimmt.

Mehr motivieren, weniger belehren

Aufgabe des Buches ist es nicht zu belehren. Es will Sie motivieren sich den wichtigen Fragen zuzuwenden, die den Erfolg Ihres Unternehmens ausmachen. Dabei geht es um alle diejenigen Aspekte, die Sie als landwirtschaftliche Unternehmerin oder landwirtschaftlicher Unternehmer nicht „wegdelegieren" können. Es ist an Ihnen Entscheidungen zu treffen, Verantwortung zu übernehmen und zu führen. Dazu braucht es Talent – auch, aber nicht nur. Ihnen hilft ein Bewusstsein für diese Aufgaben und Freude daran diese so reizvolle wie zuweilen auch beschwerliche Seite des Unternehmerdaseins als Herausforderung an die Unternehmerpersönlichkeit anzunehmen.

Dieses Buch beruht auf langjährigen Erfahrungen als Trainer an der Andreas Hermes Akademie sowie aus der wissenschaftlichen Auseinandersetzung mit den Fragen der Unternehmensführung an der Hochschule Neubrandenburg. Viele Anregungen und Impulse sind der Diskussion im Trainerteam der Akademie und im Dozentenkollegium der Hochschule zu verdanken. Ebenso aber auch der engagierten Auseinandersetzung mit den Praktikern im Training, den Studierenden der Agrarwirtschaft sowie den Partnern und Mandanten in anspruchsvollen Beratungsprojekten in Landwirtschaft und Agribusiness.

1 Eine Frage der Perspektive

Die wesentlichen Gestaltungsaufgaben der Unternehmensführung lassen sich im Sprachbild eines Hauses übersichtlich darstellen.[1] Jeder der neun Aufgabenbereiche entspricht einem „Zimmer", für das der Hausherr, sprich der Unternehmer, die Verantwortung trägt. Dieses Bild dient nicht nur als Checkliste für Sie, ob Sie jederzeit alle Bereiche unternehmerisch im Blick haben. Es hilft Ihnen Querverbindungen und Wechselwirkungen zwischen ihnen aufzudecken. Es unterstützt Sie dabei Stärken und Schwächen, Chancen und Risiken umfassend zu ermitteln und richtig zuzuordnen. Die Steuerung komplexer Unternehmensentwicklungsprojekte und die Vorbereitung von Kooperationen finden im Unternehmenshaus einen Überblick der Gestaltungsbereiche, die Unternehmensführung ausmachen. Schließlich kann es im wachsenden Unternehmen auch beim Aufbau von arbeitsteiligen Strukturen dienen, in denen Aufgabenblöcke funktional richtig delegiert werden können.[2]

Abbildung 1 gliedert die neun Gestaltungsbereiche der Unternehmensführung. Natürlich gehen diese Bereiche ineinander über. Sie sind miteinander verwoben und weisen vielfältige Rückkopplungseffekte auf. Dennoch hilft diese schematische Darstellung den Überblick zu behalten. Sie kann wie eine Checkliste funktionieren, mit deren Hilfe Sie

1 Langosch, R.: Erfolgreiche Unternehmensführung in der Landwirtschaft. Das Fitnessprogramm für Ihren Betrieb. Stuttgart 2012, S. 24ff.
2 Die Gliederung des Unternehmenshauses dient auch der Gliederung des Kapitels 2.1.

fortwährend überprüfen können, ob Sie die wesentlichen Aufgaben Ihrer Unternehmensführung in allen Bereichen im Blick und im Griff haben.

Der zentrale Aufgabenbereich umfasst „Ziele und Strategien". Hier ist das Hoheitsgebiet unternehmerischer Entscheidungsfreiheit. Der Umgang mit den Gestaltungsaufgaben in allen anderen Zimmern folgt den hier getroffenen Grundsatzorientierungen, die Sie in Vision, Mission sowie in Zielen und Basisstrategien zum Ausdruck bringen. Im Bereich „Markt und Kunden" geht es darum, die Märkte, auf denen Sie als Anbieter Ihrer Erzeugnisse und Leistungen oder auch als Nachfrager nach Vorleistungen auftreten, zu verstehen und Ihre Marktpartner zu erreichen. „Der Markt" ist der Ort, an dem das Angebot auf die Nachfrage trifft. Auf den Märkten für landwirtschaftliche Massenerzeugnisse ist der Preis zumeist durch „den Markt" gegeben. Landwirte sind als einzelne in der Regel „Mengenanpasser". Ihre Marktmacht reicht nicht aus, Preise unmittelbar beeinflussen zu können. Über Qualitätsaspekte, den „richtigen" Zeitpunkt und auch gutes Verhandeln lassen sich indessen Preisniveaus beeinflussen.

Um die Strukturen geht es bei „Entscheidung und Verantwortung". Wo Wachstum Arbeitsteilung verlangt, gewinnt die Fähigkeit zu delegieren an Bedeutung. Delegieren bringt auch die Aufteilung der Informationsströme mit sich. Wichtig ist: Der Chef muss sicher sein, alle Informationen dann abrufen zu können, wenn er sie benötigt. Er muss aber nicht fortwährend über jedes Detail informiert werden. Chefsache sind die Angelegenheiten, die niemand anderes als der Chef selber entscheiden kann.

Geordnete Verhältnisse

„Konten und Kassen" bezeichnen der großen Bereich der Finanzwirtschaft. Hier geht es um „geordnete Verhältnisse". Die bemessen sich hier an vier Qualitätskriterien: Rentabilität fragt nach der Ertragskraft und Gewinnsituation. Bei der Liquidität dreht sich alles um die jederzeit gewisse Zahlungsfähigkeit. Stabilität leitet sich aus den (Eigen-)Kapitalverhältnissen ab und Flexibilität bezeichnet die finanzielle Kraft sich ändernden Gegebenheiten zügig anpassen zu können.

In den „Produkten und Dienstleistungen", die der Betrieb hervorbringt, bündelt sich die produktionstechnische Kompetenz. Das Leistungsangebot muss aktuell, marktgängig

6 Ausgaben im Miniabo.
Jetzt testen!
BW agrar
Schwäbischer Bauer
Organ des Landesbauernverbandes in Baden-Württemberg
BW agrar
Landwirtschaftliches Wochenblatt
Organ des Landesbauernverbandes in Baden-Württemberg
Ulmer

Abb. 1 Aufgaben der Unternehmensführung im Überblick – Das Unternehmenshaus (Quelle: Langosch 2012), R.: Erfolgreiche Unternehmensführung in der Landwirtschaft. Das Fitnessprogramm für Ihren Betrieb. Stuttgart 2012, S. 26

und zukunftsfähig sein. Die Produkt- und Dienstleistungspalette eines zukunftsorientierten Unternehmens spiegelt die strategische Ausrichtung wider.

Im unternehmerischen Gestaltungsbereich „Personal und Arbeit“ treffen sich die Aufgaben und die Menschen, die sie zu erledigen haben. Personalführung braucht Persönlichkeit. Jeder Job braucht jemanden, der ihn verantwortungsbewusst erledigen kann. Kernaufgabe der Personalpolitik ist es, diesem Grundsatz der Delegation von Aufgaben im Unternehmen Geltung zu verschaffen. Produkten und Leistungen Ihres Unternehmens liegen Produktionsverfahren zugrunde, die Gegenstand des Gestaltungsbereichs „Verfahren und Abläufe“ sind. Unterscheiden Sie „Standard-Abläufe“, Routinen, die sich fortwährend in gleicher Weise wiederholen, und Abläufe mit wechselnden Anforderungen, Rahmenbedingungen oder Ausgangssituationen.

Jeder Job braucht jemanden, der ihn verantwortungsbewusst erledigt

Für erstere hilft es, Verfahren grundlegend festzulegen und diesem Muster dann Tag für Tag möglichst vorgabengetreu zu folgen. Anders bei stärker veränderlichen Abläufen. Hier könnte es helfen, mit der Idee und den Werkzeugen von Projektplanung und Projektmanagement zu arbeiten. Projekte sind individuelle Aufgaben mit klarer Zielsetzung und definiertem Zeitrahmen. Mit der Frage nach „Standort und Ressourcen“, die Ihrem Unternehmen zur Verfügung stehen, blicken Sie auf die den Umfang und die Qualitäten all der auf der Aktiv-Seite Ihrer Bilanz zusammengefassten Vermögensbestandteile. Dabei droht die traditionelle Standortverbundenheit landwirtschaftlicher Unternehmen manchmal den Blick zu verstellen. Es ist durchaus sinnvoll, den Standort des Unternehmens und seine Merkmale in zweckmäßigen Abständen kritisch zu überprüfen. Ein Abgleich der Standortgegebenheiten mit den Anforderungen, die Ihre Produkte und Leistungen sowie die ihnen zugrunde liegenden Produktionsverfahren idealerweise stellen würden, hilft, Anpassungsbedarf zu erkennen.

Im Fokus des Gestaltungsbereichs „Wissen und Innovation“ steht die Frage, wie Ihr Unternehmen auf Höhe der Zeit bleibt. Sie geht über die Produktionstechnik hinaus. Auch die handwerklichen Grundlagen des Managements, des Marketing und der Öffentlichkeitsarbeit unterliegen Fortschritten. Dabei nimmt die „Halbwertszeit“ des Wissens ab, d. h. der Zeitraum, innerhalb dessen der Nutzwert einmal erworbenes Wissen sich „halbiert“, nimmt ab. Die Herausforderung für die Unternehmensführung lautet: Finde Wege, vorhandenes Wissen effizient zu nutzen und sorge rechtzeitig für dessen Aktualisierung.

1.1 Innenperspektive: Nah dran

Nah dran ist gut. Das schafft Wissen über die Details. Es zeigt Engagement und signalisiert: „Der Chef kennt sich aus, der Chef weiß Bescheid!“. Manchmal aber hilft gerade Distanz weiter, besonders in strategischen Fragestellungen. Weitreichende Entscheidungen verlangen weit nach vorne zu blicken. Ein Sprichwort sag: Wer mit dem Adler kreisen will, sollte nicht mit den Hühnern picken. Die Fähigkeit, auch einmal Distanz zum eigenen Unternehmen einnehmen zu können, erlaubt es Gelassenheit zu entwickeln und Wichtiges von weniger Wichtigem zu unterscheiden.

Der Chef kennt sich aus!

Innenperspektive heißt durch die Brille des Unternehmers und mit den Interessen des Unternehmers in den Betrieb zu sehen. Im Vordergrund steht dabei oft das Tagesgeschäft, die Vielzahl der täglichen Einzelentscheidungen im Unternehmen. Diese Perspektive ist zweckmäßig und leistungsfähig, wenn es um Zuverlässigkeit im operativen Leistungsgeschehen geht. Zwar sind auch innerhalb des gegebenen Rahmens für das Tagesgeschäft Änderungen möglich, sie folgen jedoch eher dem Ansatz „Kontinuierlicher Verbesserungsprozess". Die fortdauernde Suche nach Möglichkeiten, Arbeitsverfahren effizienter und fehlerärmer zu machen, findet vor Ort, im Betrieb und in gegebenem Rahmen statt. Dieser Ansatz setzt stark auf Wissen und Können der Menschen im Unternehmen und auf selbstlernende Verfahren. Er verlangt ein wirksames Sensorium, um Möglichkeiten für Verbesserungen aufzuspüren und die Auswirkungen von Änderungen auf andere Bereiche richtig einzuschätzen.

Mittendrin statt oben drüber: Die Froschperspektive

Die Innensicht heißt auch zutreffend bildlich Froschperspektive. Der Blickwinkel richtet sich in „Augenhöhe" auf den Beobachtungsgegenstand. Der Betrachter ist mittendrin, kommt amphibiengleich in alle Bereiche und hat eine exzellente Detailsicht. Ihre Aufgabe als Unternehmer in der Froschperspektive liegt darin, kontinuierlich die Zimmer des Unternehmenshauses im Blick zu behalten. Finden Sie die „stillen Sternchen": Stärken und Chancen, in denen Potenziale für Mehr stecken. Das sind Stärken, die zwar vorhanden sind, aber noch nicht so recht zu Geltung kommen. Und es sind Chancen, die sich erst auf den zweiten Blick offenbaren. Übersehen Sie aber auch nicht die gut getarnten Schwächen und die schleichenden Risiken, die sich erst allmählich aufbauen und deren Bedrohung wirksam wird, wenn es möglicherweise für wirksame Gegenmaßnahmen zu spät ist.

Die Sensibilität für Veränderungen in kleinen Schritten ist nicht zu unterschätzen. Sorgfalt und Umsicht im Kleinen sind Voraussetzungen für den Erfolg im großen Ganzen. Ein bekanntes Experiment unterstreicht es: Zwei Frösche, zwei Töpfe mit Wasser auf zwei Herdplatten. Einer der Frösche wird ins kalte Wasser gesetzt und mit dem Wasser erhitzt. Der zweite Frosch wird erst dann in den Topf gesetzt, wenn das Wasser bereits kocht. Nur einer der beiden Frösche überlebt den grausamen Versuch:[3] Der ins kochende Wasser geworfene Frosch stellt eine gravierende

3 Das Experiment ist historisch häufig genug wiederholt worden. Stellen Sie es auf keinen Fall zu Hause nach!

Veränderung fest – und reagiert mit einem entschlossenen Sprung ins Freie. Der langsam erwärmte Frosch verpasst den Absprung. Er merkt nicht, wenn Risiken eintreten und Schwäche einsetzt, wann das wohlige Wärmegefühl gefährlichen Hitzewallungen weicht. Merkt er es endlich, ist es zu spät. Die Kräfte reichen nicht mehr zur Reaktion. Ähnlich kann es gehen, wenn sich falsche Routinen einschleichen und unbemerkt ausdehnen. Entwickeln Sie im Tagesgeschäft Achtsamkeit und Aufmerksamkeit.

Risiko Betriebsblindheit

Darin liegen die Vorteile der Froschperspektive: Fokussiert und konzentriert auf die Details und kleinen Veränderungen achten zu können. Das hilft gegen Nachlässigkeit und Fehler. Was der Froschperspektive fehlt ist der Überblick über das Große und Ganze. Ohne ihn droht Betriebsblindheit. Gegen dieses natürliche Phänomen, das aus zu großer Nähe und Gewöhnung entsteht, hilft nur eine andere Perspektive einzunehmen: Die Außenperspektive

1.2 Die Außensicht: Die Vogelperspektive – und die Brille des Fremden

„Gib mir einen Punkt im Universum und ich werde die Welt bewegen." Diese dem frühen Philosophen Archimedes[4] zugeschriebene Forderung drückt aus, was generell gilt, wenn es komplexer wird: Der Archimedische Punkt ist ein Bezugspunkt außerhalb eines Systems, von dem aus es überhaupt erst als Ganzes verstanden, bewegt und verändert werden kann. Aus der Innensicht, deren Vorzüge im vorhergehenden Abschnitt gewürdigt wurden, ist das nicht wirkungsvoll möglich. Der Perspektivwechsel raus aus der Froschperspektive in die Gesamtsicht von oben macht den Unterschied. Sie sehen auf das Unternehmen als Ganzes. Sie erkennen Zusammenhänge zwischen unterschiedlichen Bereichen im Unternehmen. Sie erkennen Wechselwirkungen zwischen verschiedenen Entwicklungen an unterschiedlichen Stellen im Unternehmen. Sie kommen in die Lage strategische Aufgaben zu erkennen und strategische Entscheidungen zu treffen. Sie sehen das Unternehmen als Ganzes.

4 Archimedes war ein griechischer Philosoph im 3. Jahrhundert vor Chr.

Von außen auf das Unternehmen zu schauen öffnet nicht nur den Blick auf „Ihr Unternehmen" als Ganzes; es bietet Ihnen zusätzlich die Möglichkeit – gedanklich – die Sicht eines „Fremden" einzunehmen. Vergessen Sie für einen Moment Ihr Wissen um die Details, das Kleinklein des Tagesgeschäfts. „Stellen Sie sich gewissermaßen dumm". Versuchen Sie Ihre Wahrnehmung auf die Fakten zu beschränken, die ein unvoreingenommener, nicht näher informierter Zaungast über Ihr Unternehmen haben kann. Der Vorteil dieser Perspektive liegt darin, dass Sie nun unbefangener Chancen und Risiken Ihres Unternehmens im Gesamtbild wahrnehmen können. Darüber hinaus erlaubt Ihnen dieser Trick das Bild, das andere von Ihrem Unternehmen haben könnten, zu verstehen. Damit haben Sie den Schlüssel in der Hand, dieses Bild, das Unternehmensimage, bewusst zu gestalten.

Stellen Sie sich doch mal dumm!

Um die Vorteile dieser Außenperspektive zu verstehen, unternehmen Sie ein Gedankenexperiment: Versetzen Sie sich gedanklich in einen Heißluftballon. Sie schweben lautlos über den Betrieb und beobachten die Abläufe. Die Außenperspektive entspricht der eines Zuschauers. Sie sehen sich das Spiel an, aber Sie spielen nicht mit. Die Bedeutung der Außenperspektive liegt auch darin, dass sie strategisches Denken, Entscheiden und Handeln ermöglicht. Strategisch heißt langfristig, aufs Große und Ganze blicken und unter ausdrücklicher Berücksichtigung der Wechselwirkungen mit möglichen Reaktionsweisen andere Akteure. Ohne Außenperspektive würde ein großer, erfolgskritischer Bereich nur schwerlich zu durchdringen sein: Die systematische Gestaltung der Außenbeziehungen des Unternehmens.

Machen Sie den Ballontest!

Ein Grundverständnis strategischer Spiele ist Voraussetzung dafür, Win-Win-Situationen zu erkennen und zu durchdringen. Bei Win-Win-Situationen gewinnen bei Entscheidungen oder Vereinbarungen alle Beteiligten. Dieses Verständnis ist Voraussetzung dafür, Verhandlungen strategisch vorzubereiten und zu führen. Strategische Verhandlungsführung ist Voraussetzung dafür, Ihre Interessen durchsetzen zu können und langfristig tragfähige Beziehungen und Netzwerke aufzubauen.[5]

Durchdenken, erkennen, gestalten

Die wachsende Bedeutung funktionierender Netzwerke

5 Siehe Kapitel 4

liegt auf der Hand, wenn Sie die eigene Position in der arbeitsteilig vernetzten Wertschöpfung[6] nicht nur passiv zugewiesen bekommen möchten, sondern aktiv mitgestalten wollen. Das konsequente DURCHDENKEN einer Situation, eines Vorhabens, einer Strategie aus dem Blickwinkel ANDERER Beteiligter oder Betroffener eröffnet Ihnen nicht nur möglicherweise neue Einsichten und Erkenntnisse zu Ihrem Unternehmen, sondern gibt Ihnen klare Hinweise darauf, welche Informationen Ihr Gegenüber haben könnte und haben sollte. Es erlaubt Schlüsse zu ziehen, worin Ihr Verhandlungspartner einen Zugewinn für sich erkennen und welche Zugeständnisse er Ihnen möglicherweise machen könnte. Sie können sich fundierte Gedanken darüber machen, wo seine „Schmerzgrenzen" in Verhandlungen liegen und mit diesen Annahmen womöglich seine Verhandlungstaktik entschlüsseln.

Damit wird die Rolle von Informationen deutlich! Je besser Sie das Spiel verstehen, je mehr Informationen Sie über Interessen, Optionen und Spielräume der Verhandlungspartner haben, desto eher sind Sie in der Lage, nicht nur den eigenen „Win-Anteil" am Win-Win zu ermitteln, sondern auch den „Win-Anteil" Ihres Gegenübers abschätzen zu können. Das gilt umgekehrt natürlich auch: Je genauer Ihr Gegenüber Ihre Interessen, Optionen und Spielräume einschätzen kann, desto weniger Möglichkeiten bleiben Ihnen für Pokern und taktische Verhandlungsführung. Professionelle Verhandlungsführung stützt sich auf Informationsgewinnung, -verarbeitung und den situationsangepassten Einsatz des Wissens.

Mit der Vogelperspektive erweitern Sie auch den Blick auf das Umfeld des Unternehmens. Dazu gehören Ihre Kunden und Ihre Lieferanten, Ihre Bank und Ihre Dienstleister von Lohnunternehmen bis Steuerberatung, Ihre möglichen künftigen Mitarbeiterinnen und Mitarbeiter, die Berufskollegen und – nicht zuletzt auch Ihre Nachbarn und Ihr privates Umfeld.

Die Beziehungen zu diesen Personen und Institutionen sind von zunehmender Bedeutung: Je weiter verzweigt Ihr Unternehmen in Wertschöpfungsnetzwerke eingepasst ist, je spezi-

6 Langosch, R.: Erfolgreiche Unternehmensführung in der Landwirtschaft. Das Fitnessprogramm für Ihren Betrieb. Stuttgart, 2012, S. 92

Tab. 1 Perspektiven im Überblick

Perspektive	Wichtige Vorteile	Risiken
Froschperspektive	Detailscharf	Zu wenig Abstand – zu wenig Überblick
	Umsetzungsorientiert	Betriebsblindheit
	Fachlich-technisch nah dran	Insellösungen
Vogelperspektive	Das Große und Ganze im Blick	Eher theoretisch und abstrakt
	Wechselwirkungen zwischen den Bereichen des Unternehmens und der Unternehmensführung treten zutage	Möglicherweise zu viel Abstand zu den Beteiligten und den betrieblichen Abläufen

alisierter die Produktionsausrichtung und der Grad überbetrieblicher Arbeitsteilung, je sensibler die Qualitätsanforderungen an Ihre Produkte und Produktionsverfahren, desto wichtiger ist die aktive Gestaltung Ihrer Außenbeziehungen. Dabei hilft ein Grundverständnis der Positionen, der möglichen Interessen und möglicherweise auch der Strategien Ihrer Partner Ihre Interessen durchzusetzen. Das ist einfach, solange es sich um mit Ihren Positionen deckungsgleiche oder sich ergänzende Interessen handelt. Es wird komplizierter, wenn diese Interessen nur in Teilen mit Ihren gleich sind – und in anderen Teilen mit Ihnen konkurrieren. Auf ein gemeinsames Ziel ausgerichtete Interessen erleichtern Wege, die für alle Beteiligten vorteilhaft sind: Win-Win Situationen, in denen alle einen Gewinn aus einer gemeinsam gefundenen Lösung mitnehmen können. Zusammenwirken schafft Mehrwert. Schwieriger wird es bei abweichenden oder sogar gegensätzlichen Interessen. Zu einer Lösung zu kommen, verlangt von einem oder mehreren Beteiligten Zugeständnisse. Es drohen Win-Loose-Situationen: Nullsummenspiele zeichnen sich dadurch aus, dass einer verliert was der andere gewinnt.

Die Vogelperspektive hilft Ihnen zu überblicken, an welchen Netzwerken Ihr Unternehmen beteiligt ist. Aus der Draufsicht können Sie leichter erkennen, welche Partnerschaften für Ihren Erfolg wichtig sind. Dabei lassen sich dann mögliche Win-Win oder Win-Loose-Situationen einfacher identifizieren.

2 Das System „Unternehmen“: Verstehen, führen, gestalten

Ein Top-Unternehmen zeichnet sich durch kontinuierliche Leistungsfähigkeit aus, die in allen Gestaltungsbereichen der Unternehmensführung abgesichert ist. Sein Erkennungsmerkmal ist nicht permanent hochtourig Spitzenergebnissen hinterherzujagen. Es ist nicht auf ein isoliertes Erfolgskriterium fixiert. Auch ein Spitzenunternehmen wird gelegentlich Rückschläge hinnehmen müssen. Den Unterschied macht der Umgang mit ihnen. Eine gesunde Beharrlichkeit zählt daher zu den Stärken des Top-Unternehmens. Ebenso wie das Wissen darum, dass ein Platz in der Spitzengruppe eines Marktes oder einer Branche nicht auf Gewohnheitsrechten beruht. Spitzenplätze verteidigt man nicht – sie wollen ständig neu erobert werden. Überzogene Beharrlichkeit wird zu Halsstarrigkeit, die Anpassungen erschwert und neue Wege verhindert. Neue Herausforderungen sind nicht immer mit altbewährten Lösungen zu bewältigen. Beweglichkeit und die Kraft Altes in Frage zu stellen und Neues zu wagen gehören dazu. Neues wagen heißt Chancen erkennen und wahrnehmen.

Im Einklang

Führungspersönlichkeit, Führungskonzept und Führungsstil stehen in einem Top-Unternehmen im Einklang. Häufig prägt die Persönlichkeit das Unternehmen. Dann gehört es zu den wichtigsten Aufgaben, die Persönlichkeitsentwicklung Schritt halten zu lassen. Personalentwicklung ist nicht nur eine Herausforderung an die Mitarbeiter, Personalentwicklung ist auch eine Aufgabe für den Unternehmer selbst. Es gibt Angebote, die zugeschnitten sind auf die Belange und Voraussetzungen für landwirtschaftliche Unternehmer.[1] In Unternehmertrainings geht es nicht vorrangig um produktionstechnisches Know How. Es geht um Fragen des Selbstverständnisses der Führungskraft, um die fachkundig angeleitete Auseinandersetzung mit eigenen Vorstellungen, Orientierungen für das Unternehmen und Führungswerkzeugen für das Management. Vielleicht überrascht es, aber ein Schlüssel zum Top-Unternehmen liegt in unternehmerischer Unzufriedenheit. Eine Untersuchung nachhaltig erfolgreicher Unternehmen hat gezeigt, dass der Weg zu den Besten darüber führt, sich nicht mit „gut“ zufrieden zu geben.[2] Die Besten suchen nach dem Quantum „besser“.

Führung braucht Persönlichkeit

Um Orientierung vermitteln zu können, braucht die Unternehmer-Persönlichkeit gesundes Selbstbewusstsein. Sie ist in der Lage Entscheidungen vorzubereiten, zu treffen, für ihre Umsetzung zu sorgen – und die Verantwortung für das Ergebnis zu übernehmen. Zur Vorbereitung von Entscheidungen müssen die Informationsnetzwerke ins Unternehmen hinein und nach außen „funktionieren“. Die V-Wörter Vertrauen, Verantwortung und Verlässlichkeit[3] sind von zentraler Bedeutung dafür. Loyalität und eine gemeinsame Ausrichtung am Wohl des Unternehmens als Maßstab des Handelns ermöglichen diese vertrauensvolle Atmosphäre im Unternehmen. Die Qualität des Netzwerks, das aus dem Unternehmen heraus zu seinen Partnern gespannt ist, zeigt sich darin, dass es einen fairen Ausgleich auch unterschiedlicher Interessen ermöglicht. Nachhaltige Win-Win-Perspektiven fördern die Stabilität der Netzwerke und damit auch die Qualität der Informationen. Entscheidungen zu treffen verlangt neben Informationen klare Vorstellungen über die Werte, die im Unternehmen von Bedeutung sind. Sie gehen als Kriterien in die Beurteilung unterschiedlicher Alternativen ein – und über rein monetäre Umsatz- oder Gewinnziele weit hinaus. Klarheit in den Bewertungsmaßstäben hilft, die

1 Andreas Hermes Akademie: bus-Unternehmertrainings
2 Collins, J.: Der Weg zu den Besten. München, 2005. S. 11
3 Langosch, R.: Erfolgreiche Unternehmensführung in der Landwirtschaft. Das Fitnessprogramm für Ihren Betrieb. Stuttgart 2012, S. 16ff.

Kriterien wohl durchdacht und gut begründet zu sortieren – und trotzdem zügig Entscheidungen zu treffen. Unternehmer mit klarer und verlässlicher Orientierung sind entscheidungs- und handlungsfähige Führungspersönlichkeiten. Zur Umsetzung getroffener Entscheidungen bedarf es nicht nur des unternehmerischen Willens. Führungskraft heißt Mitarbeiter motivieren und Mitstreiter gewinnen zu können. Mitarbeitermotivation ist eine Frage des Führungsstils, bei dem es weniger darauf ankommt, ob er mehr autoritär oder eher beteiligungsorientiert angelegt ist. Wichtiger sind Konsistenz und Konsequenz. Konsistenz heißt hier Führung im Einklang mit den Werten des Unternehmens und einer fairen Gleichbehandlung der Mitarbeiter. Konsequenz heißt hier die Durchsetzung der Grundlagen der Führung. Mitstreiter im Unternehmensumfeld zu gewinnen heißt Partner davon zu überzeugen, dass die Ziele und jeweiligen Projekte des Unternehmens attraktiv, realistisch, und erfolgversprechend sind – nicht nur für das eigene Unternehmen, sondern auch für die Partner. Dabei müssen die Win-Win-Potenziale nicht zwangsläufig kurzfristig wirken. Auch langfristige Aussichten können kurzfristige Kooperation wirkungsvoll fördern.

In guten und in schlechten Zeiten

Führung orientiert sich im Top-Unternehmen an den Zielen und den darüber gespannten Orientierungen wie Leitbild, Vision und Mission. Das bedeutet eine konsequent vom Ergebnis her angelegte Planung, die der Frage folgt: Welche Schritte führen zum Ziel – anstelle das Abenteuer zu wagen, „Mal sehen, wo wir ankommen, wenn wir diesen Weg gehen“. Zielorientierung und die Ableitung des besten Weges dorthin sind nicht zu verwechseln mit Inflexibilität und Planhörigkeit. Auch das gehört zum guten Unternehmen: Der „Plan B“ und die Beweglichkeit, Strategien oder sogar Ziele zu wechseln, die sich als ungeeignet oder unerreichbar herausstellen. Diese Beweglichkeit ist auf mitdenkende Mitarbeiter und eine offene Kommunikation angewiesen. Das schafft eine konstruktive Atmosphäre, in der Strategie- und Zielanpassungen nicht nachträglich als Fehlplanungen oder das Eingeständnis des Scheiterns (miss-)verstanden würden. Neben dieser Beweglichkeit in Strukturen, Personal und Kommunikation gehört auch ein funktionierendes Frühwarnsystem dazu, um Anpassungsbedarf rechtzeitig erkennen zu können und anzupacken, solange Gegensteuern noch sinnvoll ist.

Wer Orientierung hat kann Orientierung geben

Führungskraft zeigt sich nicht nur im Normalfall. Auch ein Top-Unternehmen, das seinen Kurs bestimmt hat und hält, kann auf seinem Weg zum Ziel in schwere See geraten. Hier bewähren sich Entscheidungs- und Handlungsfähigkeit. Wer Orientierung hat, ist in der Lage Orientierung zu geben. Wer einen Plan B in der Hinterhand hat kann leichter mit unerwarteten Wendungen fertig werden. Planung heißt für Spitzenunternehmer nicht, sich den – stets mit Unwägbarkeiten versehenen – Planungen bedingungslos zu unterwerfen. Es heißt eine Richtschnur zu haben, die mit Visionen, Werten und Zielen des Unternehmens in Einklang steht. Sie stellt einen Erwartungsverlauf einer Strategie oder eines Vorhabens dar, der unter Normalbedingungen zuverlässig zum Ziel führt. Bei Abweichungen vom Erwartungsverlauf kann es besser laufen als geplant, aber eben auch schlechter. Keine Haltung für Top-Unternehmer wäre es, Planabweichungen als Katastrophe zu verstehen oder zu verzagen, weil es aussieht, als habe sich die Wirklichkeit gegen das Unternehmen verschworen. Wer mit Veränderung umgehen und sie nutzen kann, wird damit Wettbewerbsvorteile erlangen.

Erkenne Dich selbst

Stärken und Schwächen, Chancen und Risiken werden im Top-Unternehmen als das behandelt, was sie sind: Hinweise auf Erfolgsfaktoren und Appelle, diese richtig zu nutzen bzw. richtig mit ihnen umzugehen. Stärken verhelfen zu unternehmerischem Selbstbewusstsein und zu einer Position, von der aus Unternehmensführung und -entwicklung kraftvoll zu gestalten sind. Schwächen sind Hinweise auf Unternehmenseigenschaften, die den Erfolg bremsen können, wenn sie nicht beachtet und ggf. bereinigt werden. Der Hausherr im Haus des Top-Unternehmens sieht sich in der Verantwortung sowohl für die Stärken als auch für die Schwächen. Ein wenig anders ist die Zuständigkeit für die Chancen und Risiken, die eben nicht der unmittelbaren Steuerung durch den Unternehmer unterliegen. Sie wirken möglicherweise erfolgshemmend oder -fördernd auf das Unternehmen ein. Dies allerdings erkennt der Unternehmer und trifft Vorsorge, Chancen und Risiken im Unternehmensumfeld zu erkennen. Ggf. steuert er die Unternehmensentwicklung auch in Richtung neuer Chancen bzw. so, dass die Eintretenswahrscheinlichkeit und/oder die möglichen Auswirkungen von Risiken im Falle ihres Eintretens gemindert werden. Das Top-Unternehmen ist darauf vorbereitet, seine Stärken konsequent auszuspielen, wenn sich die Chancen dazu ergeben. Ebenso sorgt es vorausschauend dafür, dass ggf. vorhandene Schwächen nicht zu einladenden Einfallstoren für Risiken werden. Der ehrliche Blick in den Spiegel ist im Top-Unternehmen Ausgangspunkt um Stärken und Schwächen, Chancen und Risiken zu erkennen und zu bewerten. Diese Selbsterkenntnis wird – in Anerkennung der „Risiken“ der Betriebsblindheit – ergänzt durch die Sicht von außen. Berater oder besonders vertrauenswürdige Netzwerk-Partner können mit ihrer Sichtweise zur Qualität der Selbsterkenntnis Wesentliches beitragen.

Planen – Steuern – Kontrollieren

Controlling ist im Top-Unternehmen mit klaren Zuständigkeiten delegiert. „Kapitän“ und „Steuermann“ arbeiten in Planung, Steuerung und Überwachung hinsichtlich Liquidität, operativer und strategischer Erfolgssteuerung mit klar definierten Rollen zusammen. Der Chef (= Kapitän) setzt die Ziele und trifft die Entscheidungen, der Controller (= Steuermann) plant den Kapitänsmaßgaben folgend den Weg zum Ziel und steuert mit Hilfe von Kenngrößen, die er in angemessenen Abständen einer Plan-Ist-Überprüfung unterziehen kann. Sind Plan- und Ist-Werte nicht deckungsgleich, analysiert er die Abweichungen auf ihre Bedeutung und die Ursachen. Bei erheblichen Abweichungen ist zu entscheiden, ob der Kurs durch Steuerungsimpulse wieder zu erreichen ist, oder ob eine Überarbeitung der Planwerte für die nächsten Kontrollabschnitte erforderlich ist. Controlling im Top-Unternehmen ist als zusammenhängendes Kenngrößengerüst mit Benchmark-Qualitäten angelegt. Das für die Orientierung an den Leistungsdaten bester Beispiele erforderliche Fingerspitzengefühl und die Sachkenntnis werden durch qualifizierte Kräfte im Unternehmen eingebracht oder in Form von Beratungsleistungen zugekauft. Zur Vorbereitung strategischer Entscheidungen sammelt das Controlling die relevanten Informationen und wertet sie aus. Es schlägt Entscheidungskriterien vor und entwickelt Alternativen zur Auswahl, sodass auf dieser Grundlage eine „Kapitänsentscheidung“ möglich ist. Dieses Zusammenspiel in der arbeitsteiligen Unternehmensführung zwischen Unternehmerentscheidung und Controlling sowie die Etablierung eines schlüssigen Controlling-Konzepts erlaubt die Fokussierung auf Sorgfalt und Achtsamkeit im Kleinen ohne dadurch den Blick für das Wesentliche und die Perspektive auf das Große und Ganze zu verlieren.

Akzeptierter Partner in seinem Umfeld

Führungskräfte von Top-Unternehmen genießen Vertrauen – nicht nur im eigenen Unternehmen und nicht nur bei unmittelbaren Partnern des Unternehmens. Auch in der Region und in berufsständischen oder sozialen Gruppierungen findet ihre Meinung Interesse und hat ihr Wort Gewicht. Verantwortung im Rahmen ehrenamtlichen Engagements übertragen zu bekommen, ist daher eine nicht ungewöhnliche Begleiterscheinung für Führungskräfte in Top-Unternehmen. Ein besonders verantwortungsbewusster Umgang mit dieser Vertrauensstellung ist Voraussetzung, dafür diese Aufgaben langfristig übertragen zu bekommen und verlässlich ausfüllen zu können. Ein guter Ruf ist schnell ruiniert. Ihn aufzubauen dauert ungleich länger. Es wäre gefährlich, ihn um eines raschen Vorteils willen aufs Spiel zu setzen. Top-Unternehmen sind vertrauenswürdige, verlässliche und verantwortungsbewusste Akteure in ihren Netzwerken.

2.1 Ausgewählte Merkmale des Top-Betriebs

Den Top-Unternehmer zeichnet sein Überblick aus. Er hat die Gestaltungsbereiche der Unternehmensführung, die Zimmer im Haus seines Unternehmens, im Blick und im Griff.

Wer aus der Vogelperspektive auf ein Top-Unternehmen blickt, sieht einen ertragskräftigen, gut geführten, vitalen Betrieb. Jeder, Führung und Geführte, wissen was zu tun ist – und was der eigene Beitrag zum Gesamterfolg ist. Arbeitsleistung und persönliche Zufriedenheit sind im Gleichgewicht.

Mehrwert durch Leistungsfähigkeit

Dieses Unternehmen hat einen Wert der über den Verkehrswert seines Inventars hinausgeht. Es hat einen Unternehmenswert, weil es als Marke oder als Organisation anerkannt ist, weil das Zusammenspiel der Produktions- und Erfolgsfaktoren harmoniert. Die Leistungsfähigkeit wird in allen Bereichen der Unternehmensführung aktiviert und abgerufen. Stärken ergänzen sich, Schwächen werden zu keinem Zeitpunkt existenziell bedrohlich. Chancen werden genutzt, Risiken sind im Blick und ggf. mit Hilfe von Frühwarnindikatoren unter besonderer Beobachtung. Der Unternehmenswert des Top-Unternehmens spiegelt das Maß seiner „Unersetzlichkeit“ für die Partner in allen Bereichen im und außerhalb des Unternehmens. Wenn der Unternehmenswert gerade mal im Verkehrswert des Anlage- und Umlaufvermögens bestünde, wäre das Unternehmen selber unmittelbar ersetzbar. Wenn das Unternehmen ein Ort geschickter Faktorkombinationen ist, in dem Vorleistungen zu Hochqualitäts- oder Niedrigkostenbedingungen verarbeitet werden, wenn die Informationspools und die Netzwerke, in denen es sich bewegt, zu Wettbewerbsvorteilen führen, schafft das einen Unternehmenswert jenseits der Bilanz-Aktivseite. Wo die Qualität der Unternehmensführung für Verlässlichkeit, Verantwortungsbewusstsein und Vetrauenswürdigkeit nach innen und nach außen sorgt, liegt es im Interesse auch der Partner des Unternehmens, dass das vorhandene Unternehmen nicht nur erhalten bleibt, sondern möglicherweise weiter wächst: Ein ergänzender starker und zuverlässiger Treiber der Unternehmensentwicklung.

Ziele + Strategie: Wissen wo es hingeht

Die Unternehmensführung kann sich auf einen Kompass verlassen, der sich aus Vision, Mission und einem Zielgerüst ableitet. Unternehmer und Unternehmen, Mitarbeiter und Partner wissen nicht nur, wo das Unternehmen steht, sondern auch, wohin die Entwicklung ausgerichtet ist. Dabei stehen anspruchsvolle und ehrgeizige Ziele in einer konstruktiven Wechselbeziehung zu einer realistischen Einschätzung der eigenen Kräfte und einem optimistischen Ausblick in die Zukunft. Risiken sind im Blick, verstellen aber nicht die Sicht auf die Chancen. Handeln ist nicht aktionistischer Selbstzweck sondern folgt einer Phase der Entscheidungsvorbereitung und einem sorgfältigen Abwägen der gegebenen und zu schaffenden Alternativen. Entscheidungsvorbereitung wird jedoch nicht zu einer überzogenen Informationssammlung. Sie findet ihr Maß in einer Risikolage nach dem ALARA-Prinzip.[4] Das heißt, die unsicheren Störgrößen werden durch Informationssammlung soweit gesenkt, wie es mit vertretbarem Aufwand möglich ist. Praktisches Beispiel: Sie verkaufen per Kontrakt Ernte auf Grundlage einer Vollkostenkalkulation, die um einen auskömmlichen Gewinnaufschlag ergänzt wird. Wie weit Ihr Kontraktpreis vom später aktuellen Marktpreis entfernt liegt, wissen Sie erst bei Auslieferung. Ihr Restrisiko, nicht zum Höchstpreis verkaufen zu können ist vertretbar, wenn Sie einen Preis erzielt haben, die ihre Produktionskosten samt Gewinnzuschlag deckt.

Alle machen mit

Unternehmen mit klar formulierten und offen kommunizierten Zielen können sich darauf verlassen, dass alle Beteiligten im Unternehmen und auch im Unternehmensumfeld ihr Handeln nach diesen Zielen ausrichten können. Alle sind in der Lage, Entscheidungen in ihrem Verantwortungsbereich daraufhin auszurichten die großen Unternehmensziele zu erreichen. Damit kann jeder im operativen Geschehen seinen Beitrag zum Unternehmenserfolg leisten; Tag für Tag.

Nicht die Großen sondern die Anpassungsfähigen setzen sich durch

Ein Top-Unternehmen erstarrt aber nicht in einmal gesetzten Zielen. Es ist ein lebendiger Ort, an dem veränderte Rahmenbedingungen zu Anpassungen führen können und ggf. auch führen. Diese Adaptivität[5], die dem Darwin-Satz „nicht die Großen überleben, sondern die Anpassungsfähigen“ in der Unternehmensführung Geltung verschafft, zeigt die Bedeutung der Beweglichkeit, die bei aller Zielklarheit und Verlässlichkeit überlebenswichtig ist. Unternehmenserfolg lässt sich nicht programmieren. Er braucht unternehmerische Entscheidungen und Zielsetzungen.

4 ALARA = as low as reasonable achievable = so niedrig wie vernünftigerweise erreichbar.

5 Bundesverband Deutscher Unternehmensberater e. V. (Hrsg.): Wandel erfolgreich gestalten. Fachartikelserie des Fachverbandes Gründung, Entwicklung und Nachfolge. Bonn 2010, Editorial Bonn 2010.

Märkte + Marketing: Klare Positionen

Der Top-Betrieb ist auf zukunftsträchtigen Märkten positioniert. Er versteht die Wünsche, Erwartungen und Entwicklungen entlang der Wertschöpfungskette, in die er integriert ist. Sein Angebot ist klar profiliert. Der Erfolgsbeitrag des Marketing folgt aus drei möglichen Marktstrategien: Im Mehrwert für den Kunden, in der Kostenführerschaft bei der Bedienung der Marktstandards oder in der (Weiter-)Entwicklung einer erfolgreich bespielten Nische. Kundenmehrwert gegenüber Wettbewerbern schafft ein Alleinstellungsmerkmal, das Preisunterschiede gegenüber dem Standard erlaubt. In den Massenmärkten, in denen diese Differenzierungsmöglichkeit fehlt, geht es darum, klar definierte und damit austauschbare Standards anzubieten, diese jedoch zu niedrigstmöglichen Gesamtkosten zuverlässig gewährleisten zu können. Die dritte Option schließlich setzt eine Marktnische mit Gestaltungsmöglichkeiten voraus.

Nicht nur beim Absatz, auch beim Bezug: Märkte verstehen!

Märkte zu verstehen und zu bearbeiten hilft nicht nur beim Absatz der Erzeugnisse. Auch beim Einkauf nutzt das intensive Verständnis der Marktgegebenheiten; hier der des Vorleistungsmarktes. Nicht nur gegenüber den Kunden, sondern auch gegenüber seinen Lieferanten hilft eine durch Verlässlichkeit, Verantwortungsbewusstsein und Vetrauenswürdigkeit geprägte Atmosphäre dabei Win-Win-Situationen und -verhältnisse zu schaffen und aufrechtzuerhalten. Voraussetzung dafür ist nicht nur ein Verständnis der aktuellen Kunden- und Lieferantenbedürfnisse. Die Beobachtung der Trends, die in der Branche und über sie hinaus zu veränderten Bedürfnissen und Erwartungen führen,[6] ist gerade für das Marketing von großer Bedeutung. Dabei liegt die Herausforderung darin, globale, internationale sowie gesamtgesellschaftliche, -technologische, -ökonomische und -politische Entwicklungen auf die eigene Region, die eigenen Märkte und schließlich auf das eigenen Unternehmen herunterzubrechen. Was heißt es für Ihr Unternehmen, wenn die Weltbevölkerung rapide wächst, wenn die Betriebsprämien im Zuge der EU-Agrarpolitik angepasst

6 Siehe Kapitel 3

werden, das Erneuerbar-Energie-Gesetz neue relative Vorzüglichkeiten schafft oder die eigene Gemeinde ein neues Bebauungsgebiet ausweisen möchte. Nicht jeder Trend kommt „eins-zu-eins" im eigenen Unternehmen an, aber vielfach können Sie auch lokale und regionale Veränderungsprozesse nur dann wirklich verstehen, wenn Sie ein Verständnis für das dahinterliegende Gesamtszenario entwickelt haben.

Ein Top-Unternehmen arbeitet über das Produkt-Marketing hinaus an dem Gesamtbild seiner öffentlichen Wahrnehmung. Selbst wenn das marktgängige Angebot des Unternehmens seine Existenzberechtigung im marktwirtschaftlichen Kontext maßgeblich rechtfertigt, gibt es doch gute Gründe mehr zu tun, als das Unternehmen öffentlich „nur" über Produkte und Dienstleistungen zu definieren. Öffentlichkeitsarbeit hilft, ein umfassendes, produktunabhängiges Bild des Unternehmens zu gestalten. Ein positives Image strahlt nach außen, aber eben auch nach innen. Im Top-Unternehmen steht das öffentlich vermittelte Bild in Einklang mit den Werten und Maßgaben, die es im Inneren lebt. So entsteht „Authentizität", d. h. Glaubwürdigkeit: Die Botschaft passt zur Unternehmenswirklichkeit.

Entscheidung + Verantwortung: Eindeutige Strukturen

Jeder weiß, was zu tun ist. Es gibt klare Aufgabenbereiche und Zuständigkeiten. Bei aller Klarheit und Eindeutigkeit kommt es aber immer wieder auch zu Zielkonflikten in der Sache. Die konstruktive Auseinandersetzung mit dem Sachinhalt dieser Konflikte bietet die Chance, einen „Wettstreit um die beste Lösung" zu organisieren. Strukturen und Entscheidungen im Top-Unternehmen sind daher nicht auf Konfliktvermeidung ausgerichtet. Faire Auseinandersetzungen im Sinne konstruktiver Konflikte führen zu wichtigen Erkenntnisfortschritten. Führungsqualität zeichnet sich gerade nicht dadurch aus, immer Recht zu haben. Es geht darum, die bestmöglichen Entscheidungen zu treffen. Das setzt Informationen voraus, die nicht zwangsläufig alle im Detail beim Chef zusammenlaufen müssen. Aber sie müssen abrufbar sein, wenn sie benötigt werden. Das funktioniert dann nicht, wenn Angst – oder „Über-Respekt“ – das atmosphärische Miteinander im Unternehmen dominiert. Ein schlüssiges Gesamtbild für die unternehmerischen Entscheidungen fügt sich oft erst dann, wenn alle im Unternehmen Betroffenen ihre relevanten Informationen zusammentragen.

Es liegt in Ihrer Verantwortung als Unternehmer, dieses Gesamtbild entstehen zu lassen. Produktive Arbeitsteilung beginnt und endet nicht am Hoftor. Wachsende Unternehmen und Großbetriebe, die auf Mitarbeiter setzen, sind hier besonders gefragt. Top-Unternehmer verstehen ihre Mitarbeiter angesichts zunehmender Spezialisierung und steigender Anforderungen an Wissen und Können in Produktion, Marktbearbeitung, Finanzierung und Führung nicht als „Befehlsempfänger“. Sie setzen vielmehr auf Mitarbeiter, bei denen Arbeitsaufträge Spielraum für zielorientierte Erledigung lassen. Sie verstehen Mitarbeiter auch als Gesprächspartner, wenn es um Verbesserungen im Unternehmen geht. Diejenigen, die täglich mit den Abläufen zu tun haben, bringen das praktische Wissen ein, das aus theoretischen Erwägungen erst praktikable Lösungen macht. Degradieren Sie Ihre Mitarbeiter nicht zu bloß ausführenden Organen. Selbständig Aufgaben zu erfüllen ist mehr als akkurate Arbeitserledigung.

Top-Unternehmen verfügen über Organisationsstrukturen, die verlässliche Abläufe gewährleisten und gleichzeitig Wachstum ermöglichen. Mitarbeiterinnen und Mitarbeiter haben die Chance sich an ihrem Arbeitsplatz – auf ihrer Stelle – weiterzuentwickeln und mit dem Unternehmenswachstum Schritt zu halten. Strukturen und Abläufe sind so dokumentiert, dass Vertretung des Stammpersonals ohne größere Qualitätsrisiken möglich ist und auch Personalwechsel das Unternehmen nicht vor unüberwindliche Probleme stellen. Top-Unternehmen sind attraktiv für qualifizierte, erfahrene und motivierte Arbeitskräfte. Und sie bieten ihnen weitere Entwicklungsmöglichkeiten hinsichtlich der Übernahme von Verantwortung und auch der Entwicklung der eigenen persönlichen Potenziale.

Suchen Sie keinen Denkmalpfleger

Top-Unternehmen bereiten auch die Unternehmensübergabe rechtzeitig und strategisch vor: Suche Sie keinen

Denkmalpfleger[7] als Nachfolger, sondern einen Unternehmer, der ein unternehmerisch geführtes Unternehmen unternehmerisch weiterführen kann. Dazu gehört Veränderung. So wie der abgebende Unternehmer die Lufthoheit über die unternehmerischen Orientierungen und Zielsetzungen in der Vergangenheit hatte, muss der Übernehmende seinerseits diese Autonomie wahrnehmen. Bei Hofübergaben in der eigenen Familie hat die Erwartung zuweilen etwas Anrührendes, dass sich der stattliche Mittdreißigerjährige, bis dato in der Beteiligung an Unternehmensführung und Informationsfluss kurz gehaltenen Junior, direkt auf dem Heimweg von der notariellen Beurkundung der Übergabe zum erfahrenen Unternehmer mit visionärem Weitblick entpuppen möge.

Konten + Kassen: Ergiebig und flüssig

Auch für den Top-Unternehmer ist der Jahresabschluss vielleicht nicht auf Platz eins der Bücher-Bestsellerliste. Aber er findet Beachtung: Er wird in Zusammenarbeit mit der Buchführung zeitnah fertig, im Rahmen eines Jahresabschlussgesprächs mit der Steuerberatung erörtert und liegt ggf. Mitgesellschaftern und Hausbank rechtzeitig vor. Er ist nicht das Maß aller Dinge für die Planung, Steuerung und Überwachung des Unternehmenserfolgs, aber er wird als wichtige Quelle sehr ernst genommen. Er offenbart strukturelle Entwicklungen in Unternehmensvermögen und -finanzierung. Er unterstützt eine systematische, über die Jahre hinweg kontinuierliche Auseinandersetzung mit wichtigen Erfolgskennzahlen zur Rentabilität und Finanzierungskraft. Er ist für wichtige Partner des Unternehmens wie Gesellschafter und Hausbank eine zentrale Quelle zur Lagebeurteilung. Erfolgswirksame Stärken und Schwächen, Chancen und Risiken hinterlassen ihre Spuren in den Zahlen. Bringen Sie diese zum Sprechen.

In Top-Unternehmen stehen Rentabilität und Liquidität nicht im Wettbewerb miteinander. Sie ergänzen sich zusammen mit Stabilitäts- und Flexibilitätsaspekten zu einem

7 Zu diesem Sprachbild siehe: Felden, B.: Wie der Generationenwechsel wirklich geht. In: Handelsblatt v. 13.02.2010.

runden Bild der Finanzwirtschaft. Rentabilität fragt: Inwieweit tragen die (Kapital-)Ausstattungen, Entscheidungen und Aktivitäten des Unternehmens zu Gewinnzielen bei? Liquidität fragt: Ist das Unternehmen zu jeder Zeit in der Lage, seinen Zahlungsverpflichtungen nachzukommen? Rentabilität und Liquidität sind wichtige Bestandteile des Controlling im Top-Unternehmen. Stabilität und Flexibilität stehen in einem Verhältnis, das Sicherheit und Beweglichkeit miteinander verbindet.

Kosten- und Leistungsrechnung in Planung, Steuerung und Überwachung sind Bestandteile des Controlling und helfen den Überblick zu behalten, auch in bewegten Zeiten. „Mischkalkulation“ und die „Quersubventionierung“ sind auch im Top-Unternehmen bekannte Phänomene, die allerdings nicht zufällig entstehen oder im Ungefähren bleiben. Vielmehr sind Art und Umfang der jeweiligen Positionen transparent und bewusst gesteuert.

Produkte + Leistungen: Gut sortiert

Das Produktportfolio des Top-Unternehmens folgt der Unternehmensstrategie: Kostenführerschaft, Differenzierung oder Nischenspieler. Der Kostenführer durchforstet sein Unternehmen systematisch nach Wegen, Kosten in Beschaffung, Produktion, Marketing und Management zu kontrollieren und zu senken: Bei definierter Qualität der Produkte und Dienstleistungen.

Der Differenzierer beobachtet die Märkte sorgfältig daraufhin, ob sein Alleinstellungsmerkmal bzw. „der kleine Unterschied“ erkennbar bleibt. Rutscht diese Unterscheidbarkeit, verliert der Markt das Interesse an diesem Angebot. Damit schwindet die Bereitschaft, einen Aufpreis für das Produkt gerade DIESES Unternehmen zu zahlen. Eine Marke beginnt beliebig zu werden und aus dem Bewusstsein zu verschwinden.

Leisten und darüber reden!

Die Produkte und Dienstleistungen sind sortiert und rangiert nach ihrem Beitrag zum Unternehmenserfolg, sodass Unternehmensentwicklungsmaßnahmen eine klare Abschätzung der Konsequenzen auf das Leistungsspektrum haben. Führt das Wachstum in Richtung Diversifizierung oder Spezialisierung? Darüber hinaus gibt es ein Bewusstsein für die öffentlichen, nicht über privatwirtschaftlich organisierte Märkte gehandelten Leistungen. Sie zu erkennen und im richtigen Rahmen zu kommunizieren hilft, die gesellschaftliche Akzeptanz zu erhöhen, in der Branche, aber auch in der Region und vor dem Hoftor.

Für die wesentlichen Erzeugnisse kennt das Top-Unternehmen seine Lebenszyklusphasen und ist in der Lage frühzeitig zu erkennen, wenn sich der Lebenszyklus eines wichtigen Erzeugnisses in der Sättigungs- oder bereits in der Degressionsphase befindet. Ggf. packt es bereits in der Reifephase an, um zu gegebener Zeit Produktinnovationen in die Markteinführung bringen zu können.

Personal + Arbeit: Der Mensch im Mittelpunkt

Das Personalwesen und die Arbeitsverfassung im Top-Unternehmen sind strategisch darauf angelegt ein attraktives, leistungsfreundliches Umfeld zu schaffen. Leistungsfähige und -bereite Mitarbeiter bewegen sich in einer Atmosphäre, in der sie ihre Qualifikationen und Erfahrungen motiviert und engagiert in den Dienst des gemeinsam angestrebten Unternehmenserfolgs stellen können und wollen. Voraussetzung dafür ist Führungskompetenz nicht nur in den Hard Skills wie Qualifikation und Erfahrung sondern auch in den hoch bedeutsamen Soft Skills wie Motivation und Engagement. Der Führungsstil eröffnet denjenigen Mitarbeitern, die die persönlichen Voraussetzungen dafür mitbringen, Möglichkeiten Eigenverantwortung zu entwickeln und ggf. auch Führungsaufgaben zu übernehmen. Systematische Personalentwicklung sowohl beim Unternehmer als auch auf Ebene der Mitarbeiter stellt sicher, dass sie mit der dynamischen Entwicklung der Produktionstechnik, der Produktivität, des Unternehmensumfeldes und der Managementfähigkeiten Schritt halten können.

Gute Personalführung ist nicht nur eine Frage des Talents. Sie beruht auf einem Konzept, das Antworten gibt: Wieviel Kapazität braucht eine betriebliche Wachstumsstrategie, die nicht auf Gedeih und Verderb an den Grenzen der Familienarbeitskräfte-Ausstattung entlangbalanciert. Welche Anforderungen an Qualifikation und Erfahrung stellt eine an produktionstechnischer Exzellenz und nachhaltiger

Qualität orientierte Arbeitserledigung? Inwiefern verstehen sich Mitarbeiterinnen und Mitarbeiter als dem Unternehmen zugehörig – und als Teil eines Teams, das gemeinsam für den Erfolg des Ganzen arbeitet?

Kultur, eine Frage des Stils

Diese Führungsfragen spielen eine wichtige Rolle für die Atmosphäre im Unternehmen – ihre Beantwortung prägt die Kultur. Dabei ist Verlässlichkeit ein wichtiges Merkmal gut geführter Unternehmen. Das macht sich gerade in der Personalführung bemerkbar. Wichtiger als die Entscheidung zugunsten eines speziellen Führungsstils ist es ihn konsequent durchzuhalten. Es erstreckt sich ein breites Spektrum von autoritärer Führung, die dem Muster von Befehl und Gehorsam folgt, patriarchalisch-fürsorglicher Führung bis hin zu delegativen, d. h. auf die Übertragung von Aufgaben setzende, und partizipativen Führungssprinzipien, die auf Beteiligung und Einbeziehung der Mitarbeiterinnen und Mitarbeiter setzen. Jeder dieser Stile hat so viele Vor- wie Nachteile. Es gibt nicht „den besten“ Führungsstil. Wer autoritär führt, zieht ein großes Maß an Verantwortung an sich, lässt Mitarbeiterinnen und Mitarbeiter nur wenige Spielräume. Wer demokratischer führt, überträgt Verantwortung für Teilbereiche an die Mitarbeiterschaft. Umso wichtiger sind für beide Seiten, die Führung und die Geführten, Verlässlichkeit und Konsequenz.

Denken Sie daran, dass der Führungsstil zu unterschiedlicher Attraktivität des Unternehmens für unterschiedliche „Mitarbeiter-Typen“ führt. Eine autoritäre Führungskultur zieht Menschen an, die weitreichende und enge Vorgaben bevorzugen. Menschen, die Wert auf eigenständige Gestaltungsfreiheit legen, werden sich eher in einem Unternehmen wohl fühlen, in dem aktives Engagement gewünscht und zulässig ist. Wachsende Unternehmen mit anspruchsvollen, dynamischen technischen Entwicklungen unterworfenen Produktionsverfahren können von einer Mitarbeiterschaft profitieren, die sich aktiv engagiert.

Lernen Sie von Tom Sawyer, einem Meister der Motivation

Im besten Fall fördert Führung die Motivation. Es muss nicht gleich so laufen wie bei Tom Sawyer, dem es gelang seine Strafarbeit, das Tünchen von Tante Pollys Zaun, gegenüber seinen Freunden so attraktiv als Auszeichnung darzustellen, dass die Schlange standen, um auch mal zu dürfen; und das bei schönsten Sonnenschein und Badewetter. Ein – zugegeben – überzogenes Beispiel, aber Sie sehen: Auf den Blickwinkel kommt es an. Motivieren ist die Fähigkeit Menschen zu begeistern. Begeisterung ist der Schlüssel dafür, dass Aufgaben nicht nur erledigt, sondern gerne erledigt werden. Geld gehört zu den klassischen Motivationshilfsmitteln – allerdings nicht bei Tom Sawyer, der hatte gar keins. Tatsächlich ist Geld keineswegs das einzige und schon gar nicht das beste Motivationsmittel. Eine motivierende Führungskultur, ein attraktives Arbeitsumfeld, spannende Tätigkeiten, das Gefühl, dass es gerecht zugeht und anspruchsvolle Ziele bringen Mitarbeiterinnen und Mitarbeiter dazu mitzuarbeiten – und mitzudenken; aus Verbundenheit zum Unternehmen, zum Unternehmer oder – und das ist der Wert einer starken Vision – aus Verbundenheit mit der Aufgabe.

Verfahren + Abläufe: Wertschöpfung in Netzwerken

Produktionstechnische Exzellenz vereint die Ansprüche an Produkt- und Verfahrensqualität. Sie trägt darüber hinaus dem Ressourcenschutz Rechnung, vor allem unter Effizienzgesichtspunkten aber auch mit Blick auf die langfristige Akzeptanz landwirtschaftlicher Erzeugung in der Region und in der Gesellschaft.

Produktivität ist dynamisch

Arbeitsteilige Wertschöpfung führt zu einer tendenziell zunehmenden Einbindung der landwirtschaftlichen Erzeugung in Wertschöpfungsnetze. Ein Bewusstsein für diese Tatsache und ein weiterreichendes Verständnis der verschiedenen Ebenen der Wertschöpfungsnetze kennzeichnen das Top-Unternehmen. Die Beobachtung der Trends, die Ableitung von Chancen und Risiken aus Veränderungen auch an scheinbar weit entfernten Stellen des Netzwerkes versetzt den Unternehmer in die Lage, frühzeitig auf neue Möglichkeiten zu reagieren und mögliche Gefahren in den Blick zu nehmen. Verfahrensqualität und eine klare strategische Ausrichtung ist das Erkennungsmerkmal der Produktion.

Standort + Ressourcen: Produktionsfaktor Akzeptanz

Das Top-Unternehmen ist mit seinem Standort im Einklang. Es nutzt die vorhandenen Möglichkeiten und passt seine Leistungspalette und Produktionsverfahren an die Gegebenheiten an, soweit sie unveränderlich sind. Sind sie veränderlich, prüft der Unternehmer mit Blickrichtung Zukunft die aktuellen und die zukünftigen Erfordernisse an den Standort und die Ressourcenausstattung standortangepasster landwirtschaftlicher Produktion. Gesellschaftliche Akzeptanz der landwirtschaftlichen Erzeugung rückt bei wachstumsorientierten Unternehmen fast in den Rang eines Produktionsfaktors; in jedem Falle aber gilt sie als Gestaltungsbereich unternehmerischen Handelns. Man könnte das auch Öffentlichkeitsarbeit nennen.

Wissen + Innovation: Fortschritt gestalten

Das Top-Unternehmen ist ein Ort, in dem Informationen zusammenlaufen, Informationen entstehen und Informationen zielgerichtet ausgewertet werden. Das knappe Gut VERLÄSSLICHE Information ist ein wichtiger Faktor für den Unternehmenserfolg. Einerseits verlangen unternehmerische Entscheidungen aktuelle Marktinformationen sowie das Wissen über den Stand von Produktionstechnik und Management Know How. Auf der anderen Seite besteht eine wesentliche Herausforderung darin, den Überblick über die Informationsangebote auf den verschiedensten Kanälen zu behalten. Sie reichen vom Gespräch mit Familie, Nachbarn und Kollegen über das klassische Bauernblatt bis hin zu Online-Angeboten seriöser und weniger seriöser Informationsanbieter.

Der Tag ist zu kurz, die begrenzte Unternehmerzeit mit nutzlosen Informationen zu verstopfen. So wie in der Produktionstechnik Effizienz darin besteht, die erforderliche Leistung mit einem optimalen Mitteleinsatz zu erbringen, liegt die Kunst im Umgang mit Wissen darin, möglichst zügig an die richtigen Informationen zu gelangen. Funktionierende Informationsnetzwerke helfen zu sortieren, was wichtig ist. Aktuelle Untersuchungen der Universität von Minnesota belegen einen Einfluss des Informationsverhaltens auf den Unternehmenserfolg:[8] Zielorientiertes Handeln, die Übernahme aktueller Technologie, die Informationsgewinnung in persönlichen Netzwerken, und sorgfältige Aufzeichnungen begünstigen den Erfolg. Bremsend wirken u. a. eine einseitige Ausrichtung auf monetäre Zielsetzungen und zuviel vertrödelte Zeit im Internet – statt in persönlichen Netzwerken zu kommunizieren.

Eine zielgerichtete Informationspolitik wirkt nicht kreativitätshemmend, sondern schafft Raum für neue, ungewohnte Ideen. Dabei spielt allerdings nicht nur die Ideenfindung eine wichtige Rolle sondern vor allem auch die Prüfung, Projektierung und Umsetzung nach positiver Prognose. Es herrscht ein Bewusstsein dafür, dass Innovationen nicht automatisch zum Erfolg führen, sondern immer einen Aufbruch in Neues, auch Ungewisses bedeuten. Gerade Innovationen bringen daher eine hohe Fehlerwahrscheinlichkeit mit sich, möglicherweise bis zum Scheitern. Dieses Risiko geht die Führung eines Top-Unternehmens bewusst ein und schafft ein fehlertolerantes Umfeld. Fehlertoleranz bei der Einführung von Innovationen bedeutet eine sorgfältige Vorab-Analyse über die Möglichkeiten, Fehler und ihre Auswirkungen auf das ummittelbare Innovationsumfeld zu begrenzen sowie einen offenen Umgang mit Fehlentwicklungen zu pflegen. Insbesondere bei der Einführung von Innovationen sind Fehlschläge nicht automatisch gleichzusetzen mit Versagen. Sie sind oft ein erforderlicher Umweg auf dem Weg, Neuerungen schrittweise so zu verbessern, dass sie nachhaltig erfolgreich ausgedehnt werden können – oder ihre Untauglichkeit rechtzeitig erkennbar wird. Für diesen Fall ist schließlich die unternehmerische Kraft erforderlich, klare Entscheidungen zu treffen, selbst wenn im Innovationsprozess bereits erhebliche Aufwändungen geleistet wurden. Die Leitlinie hierfür lautet im Top-Unternehmen: Dem „verlorenen" Geld kein frisches hinterherwerfen.

8 Olson, K.: Characteristics of High Profit Farms. In: International Farm Association IFMA (Hrsg.) IFMA 18 Congress "Thriving in a Global Market". Methven, New Zealand 2011. S. 47

2.2 Unternehmen führen: Maßstab Erfolg

Ein lebendiges Unternehmen ist keine Maschine, die Leistung des Unternehmens kein seelenloses Fabrikat. Die Führung eines lebendigen Unternehmens folgt einer attraktiven Vision, die keineswegs nur €-Ziele verfolgt. Eine Vision mit Nachhaltigkeitsanspruch repräsentiert ein ausgewogenes Verhältnis von ökonomischen, sozialen und auch solchen Zielelementen, die auf den Erhalt der natürlichen Lebensgrundlagen des Unternehmens fokussiert sind. Die sozialen Elemente beginnen bei einem ausgewogenen, die Lebensqualität nicht vernachlässigenden Arbeitsumfang (Work Life Balance). Sie setzen sich fort über ein gutes Verhältnis zur Familie und reichen bis in die nachbarlichen, kollegialen und gesellschaftlichen persönlichen Beziehungen hinein. Wo es an dieser „Quality Time“ fehlt, riskiert der Unternehmer die notwendige „Distanz“ zu verlieren, die erforderlich ist, um Dinge in Frage zu stellen und die Vogelperspektive einnehmen zu können.

Nachhaltigkeit ist in; immer noch. Und: Nachhaltigkeit ist ein schillernder Begriff. Für die Unternehmensführung kann gelten: Nachhaltig ist, was nicht nur kurzfristig, sondern auch auf mittlere und längere Sicht wiederholt oder fortgeführt werden kann, ohne dass sich die Handlungsspielräume dadurch grundlegend verengen. Unterscheiden Sie dabei zwei Dimensionen der Nachhaltigkeit. Eine Dimension betrifft die Qualität der Unternehmensführung selbst und an sich. Eine zweite Dimension erstreckt sich auf die Qualität der Richtung, die Führung und Entwicklung des Unternehmens ausmachen.

Unternehmensführung für Nachhaltigkeit: Inhalte und Werthaltungen

In der Landwirtschaft ist nachhaltiges Handeln im Umgang mit den natürlichen Ressourcen und in angepassten Produktionsweisen Erfolgsrezept seit Beginn der sesshaften Landwirtschaft. Der Begriff steht für ein möglichst harmonisches Zusammenwirken ökologischer, sozialer und ökonomischer Belange in Politik und Wirtschaft. Die Darstellung dieser drei Nachhaltigkeits-Dimensionen in einem gleichseitigen

Dreieck macht die Bedeutung der Ausgewogenheit zwischen ihnen deutlich – und sie bietet einen praktikablen Ansatz für ihre Übertragung in die Unternehmensführung. Kurzfristige Gewinnziele lassen sich – auch und gerade in der Landwirtschaft – üblicherweise nur erreichen, wenn Umwelt- und soziale Aspekte ausgeblendet werden. Wer nur ökologische Ziele verfolgt, könnte die Notwendigkeit einer Orientierung an Gewinnzielen aus den Augen verlieren – und gefährdet so die Unternehmensexistenz. Drehen Sie es um: Bauen Sie Ihre nachhaltige Unternehmensführung auf die Stärken-Schwächen / Chancen-Risiken Analyse auf. „Begrünen" Sie das Zimmer „Ziele und Strategien" Ihres Unternehmenshauses. Testen Sie Ihre Unternehmensvision, -mission sowie die Ziele und Strategien[9] auf ihre Nachhaltigkeit, indem Sie ökonomische, Umwelt- und soziale Kriterien anlegen und deren Ausgewogenheit mit dem Bild des Dreiecks „überprüfen".

Nachhaltigkeit: Ökonomisch, ökologisch und sozial

Der Begriff Nachhaltigkeit führt die unterschiedlichen Anforderungen an eine werteorientierte Unternehmensführung mit dem Anspruch an Zukunftsfähigkeit zusammen. Ökonomische Nachhaltigkeit umfasst die auf dauerhafte Ertragskraft und Leistungsfähigkeit ausgerichteten Ansprüche. Es geht weniger um den schnellen Euro als darum Vorkehrungen zu treffen, auch morgen und übermorgen handlungsfähig zu sein. Eine marktgerechte Produktions- und Leistungspalette, vorausschauende Personalpolitik, Investitionen mit Augenmaß, tragfähige Finanzierungsstrukturen, effiziente Produktionsverfahren und der Mut zu Innovationen gehören dazu. Ökologische Nachhaltigkeit integriert die vielfältigen Wechselwirkungen des unternehmerischen Handelns hinsichtlich der natürlichen Ressourcen, die belebten und unbelebten Umweltgüter in Wasser, Boden und Luft. Insbesondere die Belange des Tierschutzes und in Zusammenhang damit der akzeptablen Haltungsformen und -bedingungen spielen eine zunehmend wichtige Rolle in der gesellschaftlichen Auseinandersetzung mit der Landwirtschaft. Damit richtet sich der Blick auch auf die sozialen

9 Langosch, R.: Erfolgreiche Unternehmensführung in der Landwirtschaft. Das Fitnessprogramm für Ihren Betrieb. Stuttgart 2012, S. 28

Dimensionen der Nachhaltigkeit. Sie stellt die Frage nach der gesellschaftlichen Akzeptanz des unternehmerischen Tuns. Inwieweit gelingt es dem einzelnen Unternehmen vor Ort, in der Gemeinde und in der Region, die betrieblichen Belange in Einklang zu bringen mit den zuweilen massiv vorgebrachten Forderungen an die Landwirtschaft. Der gelegentlich paradox anmutende Spagat höchstwertiger Produktqualitäten in Verbindung mit niedrigsten Preisen gehört dabei zu den altbekannten Erwartungen. Zunehmend interessieren sich Verbraucher, Nachbarn, Interessengruppen in der Region für die Art und Weise, in der die Produktion stattfindet. Pflanzenschutz, Stallbauinvestitionen und 24-Stunden-Mais-Ernte-Logistik werden zu Zielobjekten bürgerlichen Protest-Engagements. Das bringt die Landwirtschaft bis auf die Ebene des einzelnen Unternehmens zunehmend in Erklärungspflicht.

Zukunftsfähigkeit ist dreieckig

Nachhaltigkeit als umfassender Anspruch zukunftsfähiger gesellschaftlicher Entwicklung, der sich wie gezeigt ganz konkret als Herausforderung an den landwirtschaftlichen Unternehmer richtet, wird oft auch in Form eines Dreiecks dargestellt.

Eine charmante Eigenschaft des Dreiecks besteht darin, dass die Summe der drei Winkel stets 180 Grad beträgt. Egal wie es geformt ist. Daraus folgt, dass Veränderungen einer Seite zwangsläufig Veränderungen der anderen Seiten und der von diesen gebildeten Winkeln nach sich ziehen. Wo also eine der drei Nachhaltigkeitsdimensionen einseitig verändert wird, z. B. Gewinn um jeden Preis, werden die anderen Dimensionen zwangsläufig beeinträchtigt: Umweltschutz und gesellschaftliche Akzeptanz könnten leiden. So banal das erscheinen mag: Nutzen Sie diesen Zusammenhang aktiv in Ihrer Unternehmensführung. Zeigen Sie, dass Sie Nachhaltigkeit „ganzheitlich“, d. h. mit Blick auf das Ganze (Dreieck), verstehen. Erklären Sie, warum Ihr Unternehmen eben nicht nur ökonomisch, sondern auch ökologisch und sozial nachhaltig geführt ist. Bringen Sie Ihr Unternehmen auf diese Weise auch in Einklang mit den Erwartungen an Landwirtschaft in Ihrer Region.

Nehmen Sie es ernst mit der Nachhaltigkeit. Sie ist als Begriff und Konzept überall in Wirtschaft, Gesellschaft und Politik angekommen. Das gilt für den Dax-Konzern, der

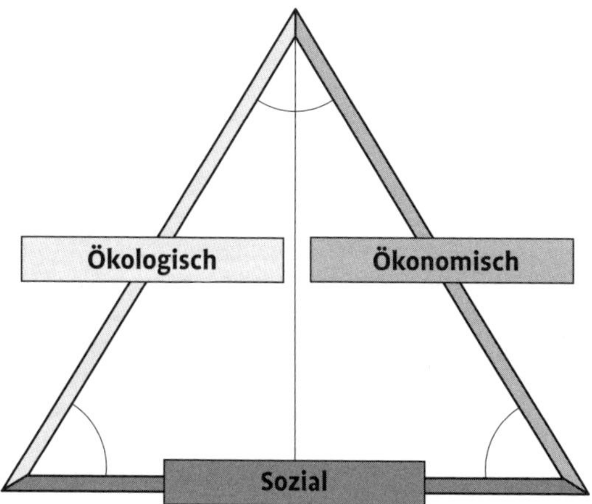

Abb. 2
Das Dreieck der Nachhaltigkeit. Quelle: Eigene Darstellung nach: Enquete-Kommission „Schutz des Menschen und der Umwelt -- Ziele und Rahmenbedingungen einer nachhaltig zukunftsverträglichen Entwicklung“, Abschlussbericht. Deutscher Bundestag: Drucksache 13/11200 vom 26. Juni 1998, S. 108

selbstverständlich neben dem Jahresabschluss alljährlich Bericht über die umweltbezogenen Ziele, Maßnahmen und Erfolge erstattet und zunehmend auch öffentlich Rechenschaft darüber ablegt, wie ernst es ihm mit seiner gesellschaftlichen Verantwortung ist. Es gilt für Finanzdienstleister, die eine zunehmend breite Palette nachhaltiger Anlage- und Finanzierungsoptionen anbieten. Es gilt ebenso für den Lebensmitteleinzelhandel, der von seinen Lieferanten über die Lebensmittelwertschöpfungsebenen hinweg konsequent Rückverfolgbarkeit und Nachvollziehbarkeit verlangt. Hier wird Nachhaltigkeit behauptet und bewiesen. Die Landwirtschaft ist ihrem Selbstverständnis nach eigentlich Erfinderin der Nachhaltigkeit. Handeln Sie danach. Prüfen Sie Ihren Betrieb daraufhin, ob Sie einen hohen Anspruch an Nachhaltigkeit einlösen können – und tun Sie das dann. Dazu müssen Sie nicht nach Öko-Standards erzeugen. Versprechen Sie nicht zu viel und halten Sie aber Ihre Versprechen ein. Das hilft Ihnen dabei, gesellschaftliche Akzeptanz im Umfeld Ihres Unternehmens zu schaffen und zu kräftigen.

SIGMA-Kriterien

Auf die Unternehmerin, den Unternehmer kommt es an. Das Unternehmen auf Kurs zu bringen – und zu halten, Ziele zu setzen und zu erreichen, Entwicklungsimpulse erkennen und Veränderung gestalten: Es gibt unterschiedliche Möglichkeiten, Führungsaufgaben wahrzunehmen. Unternehmerhaltungen und -neigungen prägen das Unternehmen. Das Spektrum reicht vom ungestümen Macher über den offensiv aber sorgfältig Abwägenden bis hin zum zurückhaltenden Beobachter. Ohne eine zu grobe Vereinfachung vornehmen zu wollen, sollen am Beispiel dreier „Archetypen“[10] Grundzüge unterschiedlicher Unternehmerinnen und Unternehmer erläutert werden. Fünf Kriterien zeigen ein Spektrum unterschiedlicher Führungsansätze. Lernen Sie auf diese Weise drei Landwirte kennen:

- Renate, eine am finanziellen Erfolg orientierte Rechnerin.
- Manni, ein Macher, der es gewohnt ist, nach dem Motto „nich’ lang schnacken ...“ die Ärmel aufzukrempeln.
- Volkmar, der beste Erfahrungen damit gemacht hat, allzu aufregende Erfahrungen, möglicherweise auch Pionierfehler, besser zunächst von anderen machen zu lassen.

Kriterium EINS: Strategisches Handeln

Kriterium eins fragt nach der Bedeutung, die strategisches Handeln in der Unternehmensführung hat: Gibt es ein Bewusstsein für die Bedeutung strategischen Entscheidens und Handelns? Inwiefern wird in Entscheidungssituationen nach strategischen und operativen Gesichtspunkten unterschieden? Inwieweit ist strategische Unternehmensführung als Aufgabe des Unternehmers verstanden?

Manni setzt auf Größe, auf Masse, auf Mehr. „Mehr von Allem“ und „Viel hilft viel“ sind die Leitlinien, denen Manni

10 Archetypen sind in der Literaturwissenschaft Grundmuster wie „der Held“, „das Opfer“, „der Liebhaber“ ..., die sich durch die Literatur ziehen und in ganz unterschiedlichen Zusammenhängen erscheinen, in ihrem Grundmuster jedoch immer wieder erkennbar sind.

folgt. Dabei geht es ihm nicht um eine Unterscheidung, ob es strategisch richtig(er) wäre, einen Umweg zu nehmen, alternative Ziele oder Wege in Erwägung zu ziehen oder von Masse auf Klasse umzusteigen. Manni weiß schon vorher, was er hinterher will. Das beantwortet Herausforderungen bereits bevor ihr ganzer Umfang bekannt ist und ohne das Spektrum der Handlungsmöglichkeiten zu kennen. Renate setzt auf ergebnisorientiertes Abwägen. Sie will eine Entscheidung treffen, wenn neue Herausforderungen neue Antworten verlangen. Aber sie will die Antwort nicht vorschnell geben. Sie will Informationen in Augenschein nehmen, Alternativen analysieren und dann eine getroffene Entscheidung entschlossen umsetzen. Renate ist sich auch darüber bewusst, dass nicht jede Entscheidung von strategischer Bedeutung ist. Operative Entscheidungen mit geringer Reichweite für den nachhaltigen Unternehmenserfolg trifft sie häufig auch schneller. Volkmar weiß, dass sich manche Probleme von alleine lösen. Nicht jedes; aber dann lässt sich ja möglicherweise immer noch ein Weg finden. Diese Haltung ist einerseits ökonomisch, weil sie die Energie des Unternehmers nur auf die Probleme verwendet, die sich tatsächlich als bedeutsam herausgestellt haben – dann aber kann es für eine ruhige, abwägende Reaktion bereits zu spät sein.

Kriterium ZWEI: Investieren und Finanzieren

Investieren ist Veränderung. Es schafft Wachstum und Raum für mehr. Das kommt Manni sehr entgegen. Er schöpft immer dann Mut Wachstumsschritte zu gehen, wenn die Zeichen gut stehen. Wenn es der Branche gut geht, wenn die Preise stimmen – und die Erträge auch – verursacht das Aufbruchstimmung. Auch die Finanzierung wird einfacher, wenn die Branchenindikatoren den Bankier davon überzeugen helfen, dass eigentlich nicht viel schief gehen kann. Wenn dann die Sicherheitenlage stimmt und das Vorhaben trotz der o. a. möglichen Bedenken gegenüber Mannis stürmischem Wachstumstempo Zustimmung findet, ist für ihn der ideale Investitionszeitpunkt gekommen. Dieses Investitionsverhalten heißt prozyklisch, weil es mit der Branchenentwicklung geht, die Vorzüge eines günstigen

„konjunkturellen Umfelds“ nutzt – aber eben auch dessen Nachteile in Kauf nimmt. Renate geht von der Überlegung aus, dass der Marktmechanismus im Kern funktioniert. Wenn alle investieren wollen, steigt die Nachfrage nach den Investitionsgütern, Stalleinrichtungen, Traktoren, Solarmodule usw., und mit ihr deren Preise. Andererseits weiß Renate, dass die Konditionen, zu denen sie ihre Darlehen bei Ihrer Hausbank bekommt, nicht nur von der Branchenkonjunktur abhängen, sondern auch von den Zahlen, die sie selber vorweisen kann. Auch aus dieser Perspektive hält sie es für klug, den Branchenboom zunächst auf ihre eigenen Zahlen durchschlagen zu lassen, auf Grundlage dieser Zahlen dann vorzügliche Darlehenskonditionen zu verhandeln und in diesem Zug die Finanzstruktur in Ordnung zu bringen: Kreditlinien im Sinne der goldenen Regeln für Finanzierung und Bilanz zu justieren: Langfristige Investitionen langfristig finanzieren und kurzfristige Finanzierung nur für kurzfristige Finanzierungsaufgaben vorzusehen. So ist sie vorbereitet, wenn im Abschwung die Investitionsgüteranbieter eher verhandlungsbereit sind und sie eine handlungsfähige Finanzierungsstruktur nutzen kann. Volkmar lässt sowohl Aufschwung- als auch Abschwungphasen der Branche kommen und gehen. Er trifft erst mal gar keine Entscheidungen in Abhängigkeit vom konjunkturellen Umfeld. Weder löst der Run der Berufskollegen auf die Landtechnikhändler bei ihm einen Herdentrieb aus, noch verhält er sich wie Renate antizyklisch. Volkmars Entscheidungen und auch seine Zurückhaltung sind konjunkturunabhängig.

Kriterium DREI: Die unternehmerische Grundhaltung

Die Grundhaltung eines Unternehmers ist eher eine Frage der Lebenseinstellung als nur eine Frage der Unternehmensführung. Aber sie strahlt auf die Unternehmensführung aus. Die Grundhaltung hilft auch, mit Unsicherheit umzugehen. Unsicherheiten drücken sich in Wahrscheinlichkeiten aus und haben einen unmittelbaren Bezug zu den unternehmerischen Chancen und Risiken. Sie befasst sich mit der Frage: Welche Erwartung habe ich an die Eintrittswahrscheinlichkeiten der Chancen und Risiken – und wie will ich mich genau darauf vorbereiten? In der unternehmerischen Grundhaltung liegen also Bestimmungsgründe für die grundsätzliche Chancen- und Risikoneigung, unabhängig vom einzelnen Entscheidungs-, Investitions- oder Finanzierungsgegenstand.

Manni setzt alles auf die Karte Wachstum. Er glaubt mit großer Zuversicht an das Glück des Tüchtigen und an die Erwartung, dass die positiven Wirkungen entschlossener Wachstumsstrategien auch Rückschläge in Form tatsächlich eingetretener Risiken den Wachstumsbetrieb nicht zum Wanken bringen werden. Renate sucht Ursache-Wirkungszusammenhänge. Ihrer Auffassung zufolge gibt es für alles, was passiert, einen Grund. So wie es auch einen Grund gibt, wenn nichts passiert. Sie sieht sich in der Verantwortung, dass etwas passiert in ihrem Unternehmen. Volkmar hofft, dass seine Entscheidungen – und auch seine vermiedenen Entscheidungen – den gewünschten Erfolg bringen. Er vertraut darauf, dass eine lang gereifte Bauchentscheidung, begleitet durch das gründliche Abwägen eventueller Risiken, eigentlich nicht schief gehen kann.

Kriterium VIER: Das Management-Konzept

Management ist angewandte Unternehmensführung. Das Management-Konzept schlägt sich folglich unmittelbar in der Unternehmensführung nieder. Es ist das – ausgesprochene oder auch unausgesprochene – Prinzip, das der Entscheidungsfindung im Unternehmen zugrunde liegt. In ihm spiegeln sich die Erfolgsmaßstäbe und die vermuteten Erfolgsfaktoren für das Unternehmen. Was dem Management-Konzept dient, dient dem Unternehmen insgesamt. Hier läuft zusammen, was die Unternehmensführung ausmacht. Es durchzieht die unterschiedlichen Gestaltungsbereiche der Unternehmensführung.

Mannis Management-Konzept folgt seiner zupackend-wachstumsorientierten Haltung. Er zieht seine Steuerungsimpulse aus den Orientierungen, die ihm die produktionstechnischen Kenndaten liefern: Die Wiegekarten, die Milchkontrolle, die Erntemengen und ähnliches mehr. Getreu seiner Auffassung „Produktion gut – alles gut“ macht

Manni seine Naturalerträge zum ersten Erfolgsmaßstab. Die Produktion hat er selber in der Hand. Hier kann er sehen, was er schafft. Wenn die Marktpreise im Keller sind, wenn die Bank sich ziert, wenn Investitionsvorhaben ins Stocken geraten, weil Banken oder Behörden nicht wie geplant mitziehen, versteht er das eher als Schicksal, als „höhere Gewalt“.

Renate setzt auf ZDF, auf Zahlen, Daten und Fakten. Für sie ist Information der Schlüssel zu guten Entscheidungen. Sie bezieht alle Gestaltungsbereiche der Unternehmensführung in ihre Informationsbeschaffung ein und berücksichtigt mögliche Wechselwirkungen zu den Partnern des Unternehmens bei der Entscheidungsvorbereitung. Die gleiche Bedeutung, wie Zahlen, Daten und Fakten in der Vorbereitung haben, misst sie ihnen auch in der Entscheidungsumsetzung bei. Sie behält die wichtigsten Zusammenhänge im Blick und macht den Erfolg abhängig davon, inwieweit die Entwicklung möglichst viele der Kriterien erfüllt, die sich in der Phase der Informationssammlung als wichtig heraus gestellt haben.

Volkmar geht die Unternehmensführung gelassen an, eher moderierend als aktiv führend. Wie Renate sammelt er Informationen und kann davon kaum genug bekommen. Manchmal ist die Informationssammlung so umfangreich und anspruchsvoll, dass Volkmar den richtigen Zeitpunkt für eine Entscheidung schon mal verpasst. Das nimmt er in Kauf, denn seine Erfahrung lehrt ihn, dass neue Gelegenheiten wiederkehren.

Kriterium FÜNF:
Der Ausblick auf Morgen – die Zukunftsorientierung

Strategische Unternehmensführung richtet sich an Zielen aus. Ziele zu erreichen erfordert Zeit, denn sie liegen in der Zukunft. Folglich ist zielorientierte Unternehmensführung immer auch zukunftsorientierte Unternehmensführung. Zukunft aber ist mit Unsicherheiten verbunden. Zukunftsentwicklung ist, nicht nur von den Stärken und Schwächen im eigenen Unternehmen abhängig, sondern in hohem Maß von den Chancen und Risiken, die sich aus Trends und dem Geschehen im Umfeld des Unternehmens ergeben. Ob und inwieweit Chancen und Risiken eintreten, ist eine Frage von Wahrscheinlichkeiten, daher mit Unsicherheit behaftet. Der Umgang mit Chancen und Risiken gehört existenziell zum Unternehmerdasein. Unterschiede gibt es im Umgang mit diesen Wahrscheinlichkeiten.

Manni sieht beim Blick in die Glaskugel Größe. Seine Orientierung an Produktionsumfang und -technik prägt auch seine Erwartungen an die Zukunft. Alles, was seine Produktion größer, schneller oder umfangreicher macht, spielt eine Rolle im Bild, das Manni von der Zukunft seines Unternehmens hat.

Renate sieht in der Zukunft auch die Qual der Wahl. Sie weiß, dass zu einer guten Entscheidung die Möglichkeit gehört, aus Alternativen auswählen zu können. Sie ist daher auch beim Ausblick in die Zukunft immer auf der Suche nach Alternativen – einerseits zu dem, was sie heute tut, andererseits aber auch nach alternativen Wegen, das, was ihr Unternehmen heute erfolgreich macht, ggf. ausdehnen zu können und auf andere Weise weiterentwickeln zu können.

Tab. 2.1 SIGMA Strategie-Kriterien

Landwirt(in)	**Strategisch handeln**	**Investieren & Finanzieren**	**Grund-Haltung**	**Manage-ment by**	**Ausblick auf „Morgen“**
Manni	Mehr! Von allem!	Prozyklisch	Prinzip Zuversicht	Milchkon-trolle und Wiegezettel	Größer! Schneller! Weiter!
Renate	Neue Antworten auf neue Herausfor-derungen	Antizyklisch	Prinzip Verant-wortung	**Z**ahlen **D**aten **F**akten	Alternativen + Erweite-rungen
Volkmar	Probleme? „Aussitzen“!	Erstmal gar nicht	Prinzip Hoffnung	Schau’n mer mal	Spur halten

Volkmar blickt nicht in die Zukunft, ohne gleichzeitig in den Rückspiegel zu schauen. Was hat sich bewährt? Was hat früher funktioniert? Volkmar gewinnt seine Maßstäbe zur Beurteilung der Zukunft aus seinen Erfahrungen in der Vergangenheit, aber er bleibt nicht in ihr verhaftet. Seine Sicht auf die Zukunft hat klare Vorteile in einem stabilen Unternehmensumfeld.

Machen Sie den SIGMA-Test. Prüfen Sie anhand von fünf Kriterien, wie viel von jedem dieser Archetypen in Ihnen steckt, indem Sie herausfinden welche der Ausprägungen der Kriterien Ihnen jeweils am sympathischsten ist – bzw. welche Ihrer Herangehensweise an die strategische Unternehmensführung am Nächsten kommt. Die Kriterien richten sich auf die Haltung und den Umgang mit Anforderungen an unternehmerisches Handeln.

Die Strategien im Überblick

Die Vorteile der Manni-Strategie liegen in seiner zupackenden Art. Er hat klare Ziele und leicht verständliche Maßstäbe. Sie zeigen ihm, ob er auf dem richtigen Weg ist. Der ultimative Erfolgsmaßstab ist die Produktion. Alles, was in Menge und Masse abrechnet, passt in seine Strategie. Solange Veränderungen die Bedingungen für Mengenwachstum verbessern, findet er sie gut. Im Unternehmenshaus hält er sich gerne im Zimmer „Verfahren + Abläufe“ auf. Seine Strategie geht auf, solange die Produktion rentabel ist. Und zumindest darin liegt ein wichtiger Erfolgsfaktor: Eine funktionierende Produktion ist die Grundlage von allem. Die Frage ist, ob diese Grundlage immer ausreicht. Risiken der Manni-Strategien bestehen in der Einseitigkeit, mit der sie auf Zuwachs in Sachen Produktionsumfang und -technik setzt. Manni ist Landwirt aus Überzeugung und mit Emotion. Er identifiziert sich mit der Branche, mit seinem Betrieb und mit seiner Arbeit. Chancen, die in einer anderen Logik als der produktions(technisch)getriebenen liegen, rücken leicht aus dem Blickfeld. Die vorausschauende Beurteilung der Auswirkungen seiner Wachstumsdynamik kommt möglicherweise zu kurz. Aspekte wie die Marktbearbeitung, die Überzeugungsarbeit gegenüber Bank, Behörden und zunehmend auch einer sensibilisierten

Öffentlichkeit spielen bei der Unternehmensführung á la Manni zuweilen eine untergeordnete Rolle. Dazu kommt die Frage, wer in einem allzu stark auf Mannis Tatendrang zugeschnittenen Unternehmen eigentlich den Chef im Fall des Falles ersetzen könnte. Der nächste Wachstumsschritt könnte scheitern, wenn ein diese Aspekte berücksichtigendes Gesamtkonzept fehlt, das der Bank für eine Finanzierung wichtig ist und das auch Behörden in etwaigen Genehmigungsfragen berücksichtigen.

Renate ist auch Landwirtin, irgendwie. Mehr noch aber ist sie Vollblut-Unternehmerin. Sie will Entscheidungen treffen, will etwas bewegen, gestalten und sie will führen. Dabei kommt es ihr weniger darauf an, dass es in der Landwirtschaft ist, es könnte auch eine andere Branche sein. Fragen der Rentabilität stehen bei ihr im Vordergrund. Renate hält sich gerne in den Zimmern „Ziele + Strategie“ sowie „Konten + Kassen“ auf. Renate ist auch – ihrem Naturell entsprechend – in der Lage, Visionen und Ziele so anzupassen, dass sie sich in veränderte Rahmenbedingungen einfügen, wenn es der Sache dient. Sie kann also mit Veränderung leben. Sie sieht die Chancen ohne die Risiken zu vernachlässigen. Risiken der Haltung Renates liegen in ihrer losen Beziehung zur Branche. Renate muss sich hin und wieder anhören, sie sei keine in der Wolle gefärbte Landwirtin. Sie versteht Landwirtschaft als Job und als Geschäft. Nicht jeder Ihrer Berufskollegen findet das gut. Gerade erfolgsorientierte Unternehmen sind aber auf funktionierende Netzwerke angewiesen.

Volkmar hält sich zurück. Übereilte Entscheidungen, hektische Investitionen und wackelige Finanzierungen sind seine Sache nicht. Gerade in Zeiten rapider Veränderungen ist das keine schlechte Eigenschaft: Nachdenken, durchdenken und dann entscheiden hilft Fehler zu vermeiden. Adrenalinschübe sucht Volkmar nicht in seiner Unternehmertätigkeit. Angesichts der Trends zu wachsenden Investitionsdimensionen, die bei Fehlschlägen an die Existenz gehen können, hilft diese Haltung ruhiger schlafen zu können. Das Risiko an Volkmars Haltung tritt dann ein, wenn dem Nachdenken und Durchdenken das Entscheiden und Handeln nicht folgen. Irgendwann kommt der Zeitpunkt, an dem eine Entscheidung zu fällen ist – ansonsten wird die

Entscheidung durch die Zeit gefällt. Das ist eine Variante der durch Sachzwänge bestimmten, alternativlosen „TINA-Entscheidungen“, d. h.: There ist no alternative.[11]

Selbstverständlich sind Manni, Renate und Volkmar überzeichnet dargestellt. In Reinform kommen sie so nicht vor. Keiner von ihnen steht für sich allein. Sie treten in unterschiedlichen Ausfertigungen und Kombinationen auf. Die Überzeichnung führt auch dazu, dass Renate stets ein wenig besser in der Beurteilung ihrer SIGMA-Kriterien wegkommt als Manni und Volkmar. Das ist nicht zu vermeiden. Andererseits ist es aber auch keine Absicht. Tatsächlich haben alle Archetypen ihre Vor- und Nachteile. Die Überzeichnung hilft Haltungen zu verdeutlichen und Reaktionsweisen zuzuordnen. Nehmen Sie vor strategischen Entscheidungen die SIGMA-Kriterien zu Hand. Prüfen Sie in welche Richtung Sie mit Ihrer Entscheidungsfindung tendieren und fragen Sie sich, ob das Ihrer Haltung entspricht. Wägen Sie Vor- und Nachteile ab, prüfen Sie ob Verstand und Gefühl in Einklang sind, ob die Entscheidung, die Sie treffen, zu Ihrer Haltung passt. Wenn Volkmar sich zu einer Investition hinreißen lässt, weil „... in vier Wochen die Förderung ausläuft“, könnte ihn die lange Reue der zu schnell gefällten Entscheidung einholen.

Projektmanagement als Führungskonzept

Erfolgreiche Unternehmensführung braucht Orientierung und Erfolgsmaßstäbe. Richtung, Geschwindigkeit und Ergebnisse von Entwicklung und Wachstum leiten sich aus Zielen und Nebenbedingungen ab.

Einerseits ist Unternehmensführung eine laufende Aufgabe, die täglich Aufmerksamkeit, Konzentration, Entschlossenheit und zuverlässige Beharrlichkeit verlangt. Andere Aufgabentypen, die strategischen, erfordern Abstand vom Tagesgeschäft. Diese strategischen Aufgaben verändern den Rahmen, innerhalb dessen Unternehmensführung stattfindet. Sie entwickeln das Unternehmen wei-

11 Langosch, R.: Erfolgreiche Unternehmensführung in der Landwirtschaft. Das Fitnessprogramm für Ihren Betrieb. Stuttgart 2012, S. 40

ter. Sie erfordern Vorbereitung, die über die Routine hinausgeht. Sie binden Kapazitäten, die fokussiert und nicht dauerhaft für diesen Zweck zur Verfügung stehen müssen. Sie sind zeitlich begrenzt und folglich mit einem erkennbaren Anfang und Ende versehen. Und sie haben eigenständige Ziele.

Diese Aufgaben haben damit alle Merkmale eines Projekts und lassen sich daher auch wie ein Projekt und als ein Projekt mit dem Werkzeugkasten des Projektmanagements planen, bearbeiten und erledigen. Zutaten zu einem erfolgreichen Projekt sind:

Machen Sie ein Projekt daraus!

- die eindeutige Beschreibung der Aufgabe,
- ein oder mehrere klar formulierte Ziele,
- definierte Anfangs- und Endzeitpunkte für das Projekt als Ganzes,
- Zeit-Maßnahmen-Vorschauen, welche die sachlogische bzw. funktionale sowie die zeitliche Abfolge und Verknüpfung der Aktivitäten darlegen,
- nachvollziehbare, überprüfbare Meilensteine zur Überprüfung des Projektfortschritts sowie
- ein Projektteam, in dem Aufgaben, Zuständigkeiten sowie Zeit-, Personal-, Finanz- und Materialbudgets geregelt sind.

Kern des Projektmanagements ist es durchstrukturierte Aufgaben konsequent zu planen, zu steuern und zu überwachen. Um auch komplexe Aufgaben kraftvoll erfüllen und anspruchsvolle Ziele zuverlässig erreichen zu können spielen eindeutige Leitungsstrukturen, kompetente Teams, funktionierende Abstimmungen und eine auf Frühwarnsysteme hin ausgerichtete Steuerung und Überwachung eine wichtige Rolle für den Erfolg im Projekt.

Die Zielsetzung für ein Projekt folgt derselben Zielfindungsmethodik wie die Herleitung von Unternehmenszielen. Aus einem Orientierungsrahmen von Vision und Mission folgt ein Ziel, das den SMART-Kriterien Selbstverantwortet, Messbar, Aktivierend, Realistisch-positiv und Terminiert genügt. Es ist auf Konfliktpotenziale mit anderen, parallel im Unternehmen verfolgten Zielen zu überprüfen. Hand in Hand mit dem Check auf Konfliktpotenziale geht die Einordnung in die Hierarchie sämtlicher Ziele im Unternehmen. So ermitteln Sie den Rang des betreffenden Zieles und können im Zielkonfliktfall frühzeitig Vorfahrtsregeln zwischen auseinanderstrebenden oder kollidierenden Zielen festlegen. Sie erhalten Hinweise auf möglichen Anpassungsbedarf in Rahmenbedingungen oder Ressourcenbeanspruchung. Bei unauflöslichen Unverträglichkeiten zwischen den gegebenen strategischen oder operativen Zielen ist ggf. das mit dem strategischen Projekt neu hinzukommende Ziel zu revidieren und anzupassen. Sind die Zielbeziehungen geklärt gilt: Mit der Größe, der Klarheit und der Attraktivität eines Zieles steigt die Erfolgswahrscheinlichkeit in der Umsetzung.

Planung: Die Zukunft zur Gegenwart machen

Planung bedeutet in die Zukunft zu blicken und sie bereits in der Gegenwart zu gestalten. Projektplanung hat einen geschlossenen Charakter, da ein Projekt einen Zeitraum mit einem Anfang und einem Ende definiert, selbst wenn die erwünschten Folgen aus dem Projekt über den Projektzeitraum hinaus eintreten oder sich fortsetzen. Neben dem Ziel und den Anfangs- und Endpunkten ist ein Projekt durch weitere Zutaten zu charakterisieren.

Innerhalb des Zeitrahmens gibt es einen zu veranschlagenden Zeitbedarf. Dieser Zeitbedarf beansprucht die Ressourcen von Leitung und Mitarbeitern. Auch materielle Ressourcen, Anlage- und Umlaufvermögen einschließlich finanzieller Mittel sind zu budgetieren, um die Projektaufgaben erledigen zu können. Diese Ressourcen ermöglichen es diejenigen Maßnahmen zur Umsetzung zu bringen, die erforderlich sind, um das Projektziel zu erreichen. Die Aufgaben sind ggf. zu delegieren, den Maßnahmen sind Prioritäten zuzuordnen. Die Prioritäten folgen der Projektstrategie, der neben dem Ziel auch eine unmittelbar projektbezogene Stärken-Schwächen / Chancen-Risiken Analyse zugrunde liegen kann. Das Projektziel ist auf zweckmäßige Zwischenziele herunterzubrechen. Sie heißen Meilensteine und erlauben eine laufende Erfolgs- und ggf. Budgetkontrolle. Diese obliegt der Projektleitung, die in der Verantwortung für das Gesamtprojekt steht.

Bei der Planung eines Projekts helfen Ihnen vier Leitlinien, den Überblick zu behalten:

Denken Sie erstens in Alternativen und arbeiten Sie damit. Denn selten trifft Planung genauso ein, wie vorhergesehen. Und selbst wenn das der Fall wäre, dient ein „Plan B" der Risikovorsorge einer verantwortungsbewussten Projektleitung. Zweitens: Überwachen Sie achtsam und sorgfältig den Verlauf Ihres Projekts, um im Sinne eines Frühwarnsystems zum erstmöglichen Zeitpunkt Hinweise auf Störungen zu erhalten. Drittens: Sorgen Sie für Klarheit. Je klarer für alle Beteiligten die Linie ist, der das Projekt folgen soll, desto leichter fällt der Umgang mit Störungen. Werden Sie schließlich, drittens, nicht zum Sklaven Ihrer eigenen Planungen. Trennen Sie sich von einer Strategie, sobald Sie erkennen, dass sie nicht mehr erfolgreich zum Ziel führen kann. Halten Sie andererseits konsequent an einer erfolgversprechenden Strategie fest und setzen Sie sie als Projektleiter zielgerichtet, ressourcen- und risikobewusst um. Die Projektplanung ist abgeschlossen und umsetzungsreif wenn Sie vollständig ist, das Wesentliche erfasst, folgerichtig aufgebaut ist, verbindlich und nachvollziehbar angelegt ist.

Umsetzung: Ziele konsequent verfolgen

Was in der Projektplanung angelegt ist, wird zum Maßstab für die Umsetzung. Ein ausgewogenes Verhältnis von Aufgaben, Ressourcen und Verantwortlichkeit verschafft einen Überblick, wer was bis wann und wie zu erledigen hat. Das hilft im Umgang auch mit komplexen Aufgaben. Der Dreiklang des Controlling „Planen – Steuern – Kontrollieren" funktioniert auch im Projektmanagement. Er erlaubt der Unternehmensführung den Verlauf des Vorhabens jederzeit im Blick zu behalten und möglicherweise erforderlich werdende Planänderungen frühzeitig zu erkennen. Projektmanagement ist eine sehr konsequente und griffige Umsetzung zielorientierter Führung. Ziele bieten Orientierung über Art, Richtung und Geschwindigkeit von Aufgaben. Sie werden zugleich zum Maßstab für den Erfolg in Führung und Entwicklung. Schließlich kann Projektmanagement auch die Führungskultur im Unternehmen verändern. Die V-Wörter Vertrauen, Verlässlichkeit und Verantwortungsbewusstsein werden zu greifbaren Qualitäten, die bis in operative Abläufe auf allen Ebenen im Tagesgeschäft wirksam werden. In einem funktionierenden Projekt weiß jeder was er zu tun hat. Verstehen Sie Projektmanagement als Werkzeugkasten, der Ihnen hilft Unternehmensziele zuverlässig zu erreichen.

Chancen- und risikobewusste Unternehmensführung

In der Stärken-Schwächen / Chancen-Risiken Analyse, eine sortierte Zusammenstellung wichtiger Erfolgsfaktoren, ist das „Risiko“ eigentlich klug in die Unternehmensführung eingebettet. In den vergangenen Jahren hat der Begriff „Risiko“ jedoch eine außerordentliche Konjunktur erfahren. Von einer ganzen Reihe möglicher Gründe dafür – speziell im Bereich der Landwirtschaft – stehen drei im Vordergrund. Erstens: Die tiefgreifende Umorientierung der Europäischen Agrarpolitik weg vom interventionistischen hin zum marktwirtschaftlich geprägten Leitbild geht einher mit größer werdenden Marktbewegungen und Preisausschlägen, die ihren Niederschlag in der Gewinn- und Verlustrechnung, aber eben auch im Liquiditätsgeschehen finden. Zweitens: Unternehmenswachstum findet mit zunehmender Schrittlänge statt. Geht die Planung auf, eröffnen diese Investitionen neue Horizonte. Geht die Planung nicht auf, kann eine Fehlinvestition rasch existenzbedrohend werden. Gründe für diese zunehmend in größeren Sprüngen verlaufende Unternehmensentwicklung liegen nicht nur in den Größenvorteilen der Produktionstechnologie. Sie liegen auch darin, dass für viele landwirtschaftliche Unternehmen „Wachstum“ bedeutet, das individuelle Modell des landwirtschaftlichen Familienbetriebes im engeren Sinne grundlegend zu verändern. Ein Beispiel:
Ein mit 300 Sauen ausgelasteter Ferkelerzeuger-Familienbetrieb wird in seiner Entwicklung nicht auf 350 oder 400 Sauenplätze gehen (können), er wird darüber nachdenken müssen, wie er eine Größenordnung erreicht, die eine weitere Fach-Arbeitskraft auslastet – oder wie ein arbeitsteiliges Kooperationsmodell funktionieren kann. Diese organisatorischen Risiken des Wachsens in nicht nur neue produktionstechnische Dimensionen, sondern auch in neue Anforderungen an die Qualität der Unternehmensführung sind real. Drittens: Die Bankenwelt hat sich in den vergangenen zehn Jahren grundlegend verändert. Die Schlüsselworte lauten Basel II und Basel III. In diesen Vereinbarun-

gen zur Mindestkapitalausstattung haben sehr rigide Spielregeln zu einer standardisierten Risikovorsorge geführt, die konsequent durchgesetzt werden. Diese Spielregeln überträgt jede einzelne Bank nunmehr „einfach“ auf ihr Kreditgeschäft. Das ist verständlich und legitim, schließlich ist eine der grundlegenden Funktionen des Bankensektors, Kapital zu sammeln und für kreditwürdige Unternehmen verfügbar zu machen. Die Kernfrage, die daher vor jeder Kreditvergabe steht, lautet: Welches Risiko gehen wir ein, dass der Kapitaldienst – Zins und Tilgung – ausfällt? Die Antwort auf diese Frage vermittelt die Bank mit Hilfe des Rating, einer strukturierten Analyse der Bonität des Kreditnehmers. Das Kerngeschäft der Banken ist der Umgang mit Risiken. Das Kerngeschäft des Unternehmers ist der Umgang mit Chancen. Das passende Gegenstück der Risikofrage der Bank lautet daher auf Unternehmerseite: Welche Chancen sehe ich, Fremdkapital rentabel einzusetzen und den Kapitaldienst zuverlässig zu leisten. Zwei Seiten derselben Medaille. In der öffentlichen Diskussion hat sich allerdings die stärker risiko-orientierte Sichtweise der Banken mit klarem Vorsprung durchgesetzt. Der vorausschauende Unternehmer kommt also an einer Auseinandersetzung mit dem Risiko nicht vorbei.

Unternehmen heißt auch Risiken übernehmen

Risiko ist existenzieller Bestandteil der Unternehmensführung. Risiken zu erkennen, zu verstehen und zu bändigen ist Aufgabe des Unternehmers und des Unternehmenscontrollings. Risiko ist nichts Stehendes, nichts Festes. Es ist schwer zu greifen und nur unter weitreichenden Annahmen zu kalkulieren. Keine Frage: Wer Risiken eingehen will, braucht eine möglichst klare Vorstellung der Wahrscheinlichkeiten des Eintretens und der Konsequenzen bzw. des Schadensausmaßes, wenn die Risiken sich „verwirklichen“. Risiko ist also einerseits eine Frage von Wahrscheinlichkeiten. Andererseits ist Risiko aber auch eine Frage der persönlichen Haltung. Zwischen Risiko-Toleranz und Risiko-Abneigung ist viel Spielraum. Für den Einen gehören Marktrisiken zum „Kick“ des Unternehmendaseins, für den Anderen sind sie Grund schlecht zu schlafen.

Um die Risiko-Lage Ihres Unternehmens richtig einzuschätzen, richten Sie den Blick also auf zwei Bezugspunkte:

Die Risikodisposition und die Risikoexposition. Exposition bedeutet Ausgesetztsein, Disposition heißt Haltung und Einstellung gegenüber Risiken.[12]

Einstellungssache: Die Risikoneigung des Unternehmers

Unterscheiden Sie zwischen Risiken, die weder vermeidbar noch versicherbar sind, von solchen, die Sie vermeiden oder versichern können. Die erste Gruppe können Sie nur als solche akzeptieren und bestenfalls dafür gewappnet sein im Falle ihres Eintretens mit den Folgen fertig zu werden – oder das Geschäftsfeld, das diesen Risiken ausgesetzt ist, verlassen. Ein Beispiel dafür ist das Risiko von Preisschwankungen bei langfristigen Lieferverträgen, die – wie im Falle der Milcherzeugung – an den Produzenten durchgereicht werden.

Vermeidbare und versicherbare Risiken fordern Sie als Unternehmer heraus, sich zu positionieren: Wie viel und welches Risiko wollen Sie bewusst eingehen? Ab wann rechnet sich eine Versicherung für Sie? Inwieweit erlaubt Ihre individuelle Risikobereitschaft, sich auf das Risiko einzulassen – und dann wenn es gut geht, die möglicherweise gesparten Versicherungsaufwändungen als Ihre individuelle Risikoprämie zu betrachten. Angesichts der unternehmensindividuellen Konstellationen, des möglichen Zusammenwirkens unterschiedlicher Risiken im Einzelfall und der jeweils individuell verschiedenen Auswirkungen bei Eintreten der Risiken gibt es kaum generelle Empfehlungen. Wichtig ist für Ihren Umgang mit Risiken, dass Sie sich Ihrer individuellen Risikotoleranz bzw. -neigung bewusst werden. Davon abhängig sind die Maßnahmen des Risikomanagements zu wählen und umzusetzen.

Maybe – Risiko ist Wahrscheinlichkeit

Risikomanagement handelt mit Wahrscheinlichkeiten. Risiken sind mögliche Störfaktoren, die eintreten können, aber nicht zwangsläufig eintreten werden. Für alle versicherungsfähigen Risiken ermittelt die Versicherungsmathematik Eintrittswahrscheinlichkeit und mögliche Schadenshöhen. Sie stellt Annahmen darüber auf, in wie vielen von beispielsweise einhundert vergleichbaren Situationen ein Risiko tatsächlich eintritt. Beispielsweise ermitteln die Mathematiker der Hagelversicherung die Wahrscheinlichkeit, dass Ihre bevorstehende Ernte von einem Hagel-

12 Siehe dazu Kapitel 4.2

schauer betroffen sein dürfte – und wie groß der Schaden dann ausfällt. Die Ermittlung der Wahrscheinlichkeit funktioniert ähnlich wie die Voraussage der Regenwahrscheinlichkeit in der Wettervorschau: So sagt eine Regenwahrscheinlichkeit von 30 % aus, dass es an 30 von 100 Tagen mit vergleichbarer Großwetterlage zu Regenfällen kommen würde. Ob es am Folgetag tatsächlich regnet ist damit nicht gesagt. Wenn es regnet, ist der Fall eingetreten, regnet es nicht, hat sich das Risiko nicht verwirklicht. Eintrittswahrscheinlichkeit und mögliche Schadenshöhe bestimmen somit die Risikoexposition: Diesem Risiko ist das Unternehmen in dem betreffenden Zusammenhang ausgesetzt. Gegen das originäre Unternehmerrisiko des wirtschaftlichen Misserfolgs gibt es indessen selbstverständlich keine Versicherung.

Das A3-Risiko-Konzept

Das A3-Konzept macht Risikomanagement zu einem Prozess. Es dient dazu Risiken systematisch in der Unternehmensführung zu berücksichtigen.

Erstens: Erkennen

Erste Maßnahme des Risikomanagements ist das Erkennen möglicher Risiken: Wo können Risiken auftreten und wie können Sie sie möglichst frühzeitig identifizieren. Das erste „A" des A3-Konzepts seht für Aufmerksamkeit.

Zweitens: Verstehen

Das zweite „A" steht für die Analyse des Wirkmechanismus und möglicher Wechselwirkungen des jeweils betrachtete Risikos zu anderen. Drei große Gruppen von Risiken lassen sich unterscheiden: Markt-, Produktions- und Finanzrisiken. Marktrisiken sind die Einflussfaktoren, die sich aus den Märkten auf den Unternehmenserfolg niederschlagen können: Preise, Verfügbarkeiten und Nachfrage. Produktionsrisiken betreffen die gesamte Leistungserbringung im Unternehmen. Dazu gehören natürliche Phänomene wie Wetter-Erscheinungen und Störungen im Leistungsgeschehen. Finanzrisiken wirken sich aus auf die Finanzierungssituation des Unternehmens. Diese in drei Gruppen sortierten Risiken können auch parallel auftreten, z. B. niedrige Erträge und niedrige Erzeugerpreise, und sie können miteinander verknüpft sein, z. B. Krankheitsbefall mit daraus folgender Ertrags- und Qualitätsminderung.

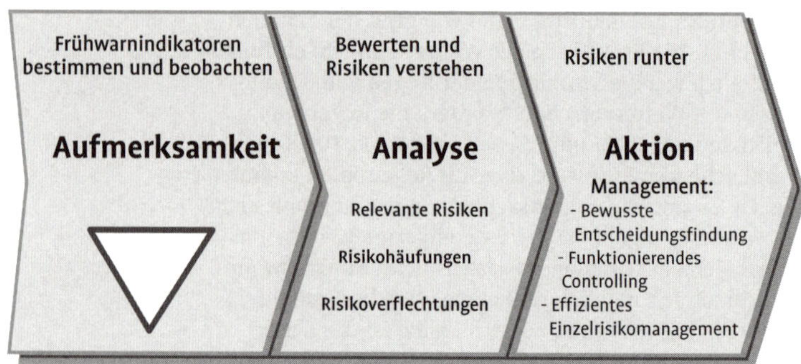

Abb. 3
Das A-3-Konzept des Risikomanagements. Quelle: angelehnt an Langosch, R.: Controlling in der Landwirtschaft, DLG-Verlag 2010, S. 128

Drittens: Handeln

Das dritte „A“ des A3-Konzepts steht für Aktion und umfasst drei Maßnahmengruppen zur Risikominderung. Risikobewusste Entscheidungsfindung, funktionierendes Controlling und ein effizientes Einzelrisikomanagement.

Risikobewusste Entscheidungsfindung berücksichtigt die Stärken und Schwächen sowie die Chancen und eben auch die Risiken. Diese Einordnung der Risiken führt zu Ausgewogenheit in der Beurteilung der Lage und der Optionen. Eine systematisch risikobewusste Entscheidungsfindung können Sie als zweistufigen Prozess anlegen. Er kombiniert eine Risikotabelle mit einer Entscheidungsmatrix.

Die Risikotabelle bildet die Entscheidungsalternativen in Spalten und zeilenweise die verschiedenen Risikoarten ab. In die Felder werden Bewertungen der jeweiligen Risikoexposition der verschiedenen Entscheidungsalternativen eingetragen: Hohes Risiko bedeutet hoher Punktwert, niedriges Risiko bedeutet niedriger Punktwert. Beispiel: Bei Entscheidung für einen neuen Produktionszweig stehen zur Auswahl. Erweiterung der Milcherzeugung oder Aufbau einer Biogas-Anlage für Nachwachsende Rohstoffe. In der Zeile „Produktpreisrisiko“ läge die Milchviehhaltung auf einer Skala von 1 bis 5 im oberen Bereich (hier 4 oder sogar 5), während die Energieerzeugung auf Basis gesicherter Einspeisevergütungen oder langfristiger vertraglich vereinbarter Preise bei einer 1 liegt. In der Auswertung von Tabelle 2.2 zeigt sich, dass mit der Milcherzeugung ein höheres Risiko (15, gewichtet 56) verbunden ist als mit der

Tab. 2.2 Beispiel für eine Risikotabelle „Milcherzeugung oder Biogas“

Risikoart	Gewichtung	Milch-Erzeugung	Biogas	Alternative …
Markt-Risiken				
Volatile Erlöse	6	4 (24)	1 (6)	
Steigende Kosten	2	3 (6)	4 (8)	
M …				
Produktions-Risiken				
Technikausfälle	3	1 (3)	5 (15)	
Volatile Erträge	5	1 (5)	3 (15)	
P …				
Finanz-Risiken				
Liquiditätsengpass	4	4 (16)	2 (8)	
Finanzierungslücke	1	2 (2)	2 (2)	
F …				
Σ		15 **(56)**	17 **(54)**	

Biogasanlage (17, gewichtet 54). In der Praxis reichen „ungefähr richtige“ Einschätzungen. Mithilfe einer zusätzlichen Spalte lässt sich jeder Risiko-Art ein Gewichtungsfaktor zuweisen, um der jeweiligen Bedeutung des Risikos in der Risikoneigung des Entscheidungsträgers Rechnung zu tragen. Bei der Bewertung der Alternativen Risiko für Risiko ist dann der jeweilige Punktwert im Alternative/Risiko-Feld mit dem Gewichtungsfaktor zu multiplizieren. Die Risikotabelle hilft bei der Entscheidungsvorbereitung, indem sie die zur Wahl stehenden Alternativen einer groben Einschätzung auf die Summe und die Bedeutung ihrer Einzelrisiken hin unterzieht. Sie bringt Überblick über die Anzahl und das Ausmaß der zu berücksichtigenden Risiken, über ihre Bedeutung für die jeweiligen Alternativen und eventuelle Risiko-Häufungen bei den einzelnen Alternativen. Wechselwirkungen zwischen den einzelnen Risiken, die für eine Entscheidungsalternative zu betrachten sind, deckt sie indessen nicht auf.

Der zweite Schritt in dem zweistufigen Prozess risikobewusster Entscheidungsfindung baut das Ergebnis der Risikotabelle in eine Entscheidungsmatrix ein.[13] Die Risikoexposition wird hier zu einem weiteren Kriterium unter mehreren. Dazu wird das Ergebnis der Risikotabelle als Zeile in die Entscheidungsmatrix übertragen. Dabei ist eine Übersetzung in die Logik der Entscheidungsmatrix erforderlich. In dieser ist die „attraktivere“ Variante höher zu bepunkten. Eine risikoarme Alternative, die in der Risikotabelle niedrig bepunktet wird, wird in der Entscheidungsmatrix hoch bepunktet, da sie unter sonst gleichen Bedingungen attraktiver ist als eine risikoreiche Variante. Auch in der Entscheidungsmatrix gelten die grundsätzlichen Leitlinien für die Skalierung: Robust und dennoch trennscharf. D. h. etwaige numerische Ergebnisse der Risikotabelle-Auswertung sind in die ggf. gröbere Skalierung der Entscheidungsmatrix zu übertragen.

Sie sehen, dass in der Risikotabelle für die Milcherzeugung ein höherer gewichteter Gesamt-Risikowert (56) ermittelt wurde als für die Biogas-Alternative mit 54. In der Entscheidungsmatrix fließt dieses Ergebnis über das Kriterium „Risikoexposition“ dadurch ein, dass die Milcherzeugung aus Risikoerwägungen heraus unattraktiver (3, gewichtet 6) ist als Biogas (4, gewichtet 8). Aus Tabelle 2.3 wird jedoch auch deutlich, dass Risikoerwägungen allein nicht ausschlaggebend sind. In diesem Beispiel fällt trotz der mit der Risikotabelle ermittelten größeren Risikoexposition der Milchviehhaltung gegenüber der Biogasanlage die Entscheidungsvorbereitung mithilfe der Entscheidungsmatrix zugunsten des Ausbaus der Milcherzeugung aus. Dieser abgestufte Prozess überführt die Risikoerwägungen in die Gesamtheit der stärken- und schwächen-, chancen- und risikenbasierten Bestimmungsgründe einer Entscheidung.

Ein weiteres Feld des dritten „A“, Aktion, das im Rahmen des A3-Konzepts zum Risikomanagement beiträgt, ist ein funktionierendes Controlling-Gesamtkonzept für das Unternehmen. Ein Controlling-Gesamtkonzept besteht aus einem

13 Siehe dazu auch Langosch, R.: Erfolgreiche Unternehmensführung in der Landwirtschaft. Das Fitnessprogramm für Ihren Betrieb. Stuttgart 2012, S. 37

Tab. 2.3 Beispiel für eine Entscheidungsmatrix „Milcherzeugung oder Biogas“ (Quelle: Langosch, R.: Erfolgreiche Unternehmensführung in der Landwirtschaft. Das Fitnessprogramm für Ihren Betrieb. Stuttgart 2012, S. 37)

Kriterium	**Gewichtung**	**Milch-Erzeugung**	**Biogas**	**Alternative …**
Erfahrung	4	5 (20)	1 (4)	
Grünlandnutzung	1	5 (5)	2 (2)	
Risikoexposition	2	3 (6)	4 (8)	
Neuinvestition	3	4 (12)	1 (3)	
…				
Σ		17 **(43)**	8 **(17)**	

wirkungsvollen Zusammenspiel von Planung, Steuerung und Kontrolle. Es zielt einerseits auf die Liquidität und andererseits auf die Rentabilität des Unternehmens als Ganzes sowie seiner Teile. Liquiditätscontrolling führt zu einem Liquiditätsplan, d. h. der Vorausschau der Ein- und Auszahlungsströme, und seiner fortlaufenden Überwachung und ggf. aktualisierenden Anpassung. Rentabilitätscontrolling dient der Sicherung des Unternehmenserfolgs. Es unterstützt die strategische Entscheidungsfindung sowie die operative Umsetzungsplanung, -steuerung und -kontrolle dieser Entscheidungen. Instrumente des Rentabilitätscontrolling sind insbesondere die Balanced Scorecard und das Kenngrößengerüst des Return on Invest.

Strategisch oder operativ? Das ist hier die Frage

Schließlich gehört zum dritten „A“ des A3-Konzepts eine angemessene Behandlung der einzelnen Risiken.[14] Generell sind sie entweder strategisch, d. h. grundsätzlich, oder aber operativ, d. h. laufend, zu behandeln. Diese Unterscheidung ist nicht vollständig trennscharf, sie soll aber den Blick darauf lenken, an welcher Stelle die Risiko-Behandlung am wirkungsvollsten ist. Diese Unterscheidung hilft auch dann, wenn strategische und operative Maßnahmen ineinander

14 Eine weitergehende Auseinandersetzung mit dem Risikomanagement erlaubt der Risikoleitfaden der Landwirtschaftlichen Rentenbank. Frankfurt/M. 2010

greifen. So lässt sich beispielsweise die operative Entscheidung, dem Marktrisiko Preisschwankungen entgegenzuwirken nur dann in die Tat umsetzen, wenn bereits früher die strategische Entscheidung zur Errichtung von Lagerkapazitäten getroffen und umgesetzt wurde. Das operative Risikomanagement greift kurzfristig, in Abhängigkeit von der jeweils konkreten Situation. Das strategische Risikomanagement dient dazu, Risiken grundsätzlich zu begegnen bzw. die Voraussetzungen dafür zu schaffen, kurzfristig mit den Werkzeugen des operativen Risikomanagements intervenieren zu können.

Preisrisiken: Vom Markt gemacht

Abbildung 4 zeigt die drei Risikogruppen und die Möglichkeiten ihnen strategisch und operativ zu begegnen in einer Gesamtschau auf. Bei den Marktrisiken liegt das Gewicht des strategischen Risikomanagements im Kern darin, die Abhängigkeit vom Markt und kurzfristigen Marktpreisschwankungen zu verringern. Sei es über Kontrakte, Lagerkapazitäten, Marktpartnerschaften oder dem „Spiel“ mit der Konkurrenzsituation. Auch die Diversifikation der Betriebszweige kann helfen, die Unternehmenssituation von den Marktschwankungen eines Betriebszweiges unabhängiger zu machen. Innerhalb des strategischen Risikomanagements gibt es eine Reihe von Möglichkeiten kurzfristig Marktrisiken zu begegnen: Marktbeobachtung, „angewandte“ Lagerhaltung und – vor allem – die möglichst präzise Kenntnis der eigenen Kostensituation. Erst der Überblick über die Erzeugungskosten ermöglicht die Ermittlung des Preises, zu dem die Kosten gedeckt sind und ein Gewinn erzielt werden kann. Dieses Wissen ist die Voraussetzung dafür, mit angemessenen Preisvorstellungen in Vertragsverhandlungen zu gehen oder unter Nutzung der Lagerkapazitäten einen „richtigen“ Verkaufszeitpunkt zu finden.

Produduktionsrisiken: Auf Sorgfalt und Umsicht kommt es an

Die Auswirkungen von Produktionsrisiken sind strategisch durch Versicherungen besser kalkulierbar zu machen. Maßnahmen zur Senkung von Eintrittswahrscheinlichkeiten liegen in der grundsätzlichen Qualitätsdefinition und der Organisation der Produktionsverfahren. Spezialisierung führt zu Erfahrungskurveneffekten, Kostenflexibilisierung zu höherer Anpassungsgeschwindigkeit an veränderte Produktionsbedingungen. Am Beispiel des strategischen Risikomanagements für Markt- und Produktionsrisiken lassen sich

Strategisches RM

- Verträge
- Terminabsicherungen
- Lagerkapazitäten
- Marktpartnerschaften
- Marktpartnerkonkurrenz
- Diversifizierung

Marktrisiken

Preise
Prämien
Verfügbarkeiten

- Marktbeobachtung
- Lagerhaltung
- Laufende Überprüfung der eigenen Kosten-Kalkulationen

Operatives RM

Strategisches RM

- Versicherungen
- Qualitätsmanagement
- Organisation
- Spezialisierung
- Flexibilität in Kosten

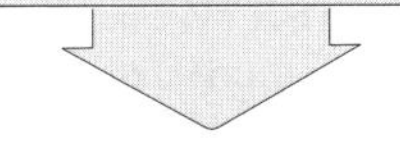

Produktionsrisiken

Naturrisiken
Produktionsverfahren
Auflagen

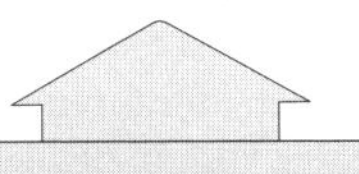

- Flexibilität in Verfahren
- Laufende Kontrolle
- Gesundheitvorsorge Tier + Pflanze
- Dokumentation
- Präzise Abläufe

Operatives RM

Strategisches RM

- Kapitalstrukturierung
- Kontokorrent - Linien
- Vermögensdiversifikation
- Flexibilität in Finanzierung

Finanzrisiken

Finanzstruktur
Bonität und Rating

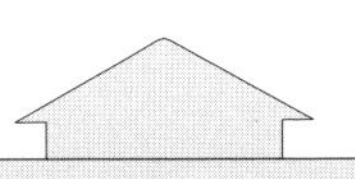

- Liquiditätsmonitoring
- Sicherheitsabstand zu Kontokorrentlinien
- Kommunikation mit der Hausbank

Operatives RM

Abb.4 Strategisches und operatives Risikomanagement nach Risikogruppen. Quelle: Langosch, R.: Controlling in der Landwirtschaft. Frankfurt/M. 2010, S. 128

Zielkonflikte zwischen Risikomanagementmaßnahmen zeigen: Während die Marktrisikostrategie Diversifizierung nahelegen könnte, wäre es aus Perspektive der Produktionsrisikostrategie möglicherweise richtig sich weiter zu spezialisieren, was unter sonst gleichen Bedingungen der Diversifizierung entgegenlaufen würde. Im operativen Produktionsrisikomanagement helfen die Sorgfalt in Produktionsabläufen und ihrer Dokumentation sowie vorsorgende Schutzmaßnahmen und eine laufende Kontrolle, die Produktion unanfälliger gegenüber dem Eintritt von Risiken sowie ggf. dem Ausmaß des resultierenden Schadens zu machen.

Das Management der Finanzrisiken richtet sich auf die vier finanzwirtschaftlichen Qualitätskriterien Rentabilität, Liquidität, Stabilität und Flexibilität. Das strategische Risikomanagement gestaltet die Kapitalstruktur und die Verfügbarkeit liquider Mittel, üblicherweise mit Unterstützung der Kontokorrent-Linien. Vermögensdiversifikation und eine angemessen flexible Finanzierung ergänzen die strategischen Finanzrisikomaßnahmen. Da die zentrale Währung im Verhältnis mit der Hausbank das Vertrauen ist, ist das wichtigste Handlungsfeld des operativen Finanzrisikomanagements eine regelmäßige und durch Vertrauen geprägte Kommunikation mit der Hausbank. Dazu kommt eine Steuerung des Liquiditätsgeschehens mit ausreichend Abstand zu den Kontokorrentlinien sowie ein laufend zu aktualisierendes Liquiditätsmonitoring.

Finanzrisiken: Schützen Sie Ertragskraft, Zahlungsfähigkeit, Kapitalstruktur und Anpassungsfähigkeit

Neben diesen drei Risikogruppen, die auf drei Gestaltungsbereiche der Unternehmensführung fokussiert sind, gibt es weitere Risiken, die quer durch das Unternehmen hinweg wirksam werden können. Folgende weitere Gruppen lassen sich aufführen:[15] Anlagenrisiken haben ihre Ursachen in der Vergänglichkeit des Anlagevermögens. Unfall, Brand oder Naturkatastrophen können Gebäude, Maschinen und Gerät beschädigen und außer Kraft setzen. Daraus folgen Wertminderungen und ggf. Störungen im Produktions- und Finanzierungsgeschehen. Politikrisiken folgen aus Änderungen in den gesellschaftlichen und unmittelbar politischen Rahmensetzungen für die Landwirtschaft. Veränderte Prämiensysteme oder Umweltgesetzgebungen sind Beispiele dafür. Daraus können veränderte internationale Wettbewerbsfähigkeiten, Produktionsbedingungen oder Finanzierungsmöglichkeiten resultieren. Personenrisiken betreffen Beeinträchtigungen der Unversehrtheit, Gesundheit oder der Leistungsfähigkeit. Wenn diese Risiken eintreten, können sie die Arbeitserledigung und die Unternehmensführung massiv beeinträchtigen.

15 Frentrup, M., M. Heyder u. L. Theuvsen: Risikomanagement in der Landwirtschaft. Frankfurt/M. 2010, S. 8

Sonderfall Krisenmanagement

Es kommt in den besten Familien und in Top-Unternehmen vor. Pläne gehen nicht auf, Risiken kommen gleichzeitig und zur Unzeit, kurz: Das Unternehmen gerät in eine Krise. Krisen sind nicht zwangsläufig Anzeichen für eine mangelhafte Unternehmensführung. Das Eingehen unternehmerischer Risiken führen dazu, dass die Erwartungen zu mutig, das Selbstbewusstsein zu groß, die Schrittlänge zu weit ist. Tritt trotz allen Risikomanagements eine Krise ein, ist das Controlling besonders gefragt. Kurzfristig planen und steuern, auf Sicht fahren und laufend den Kurs überwachen ist in solchen Situationen zwingend erforderlich. Kurzfristige präzise Liquiditätsplanungen sind ein wichtiges Werkzeug um Transparenz zu schaffen.

Für die Lösung der Krise empfiehlt sich eine Abfolge von drei Schritten. Zunächst ist es erforderlich die Krise zu erkennen: Worin äußert sich die Krise?

Zweiter Schritt ist die tiefer schürfende Analyse: Welche Ursachen erkennen wir? Welche Akutrisiken folgen daraus und welche Optionen stehen zu Verfügung. Handelt es sich möglicherweise um eine existenzbedrohende Situation? Können Sie sie aus eigener Kraft bereinigen? Abbildung 5 zeigt einen systematischen Analyse- und Lösungsansatz für den Krisenfall. Verstehen Sie zunächst, ob es sich eher um

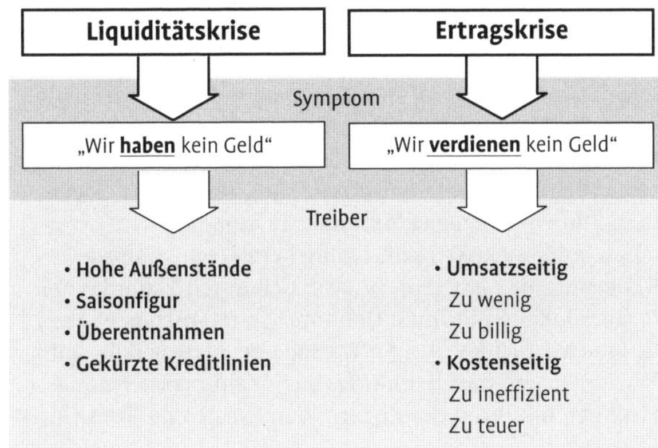

Abb. 5
Krisen analysieren

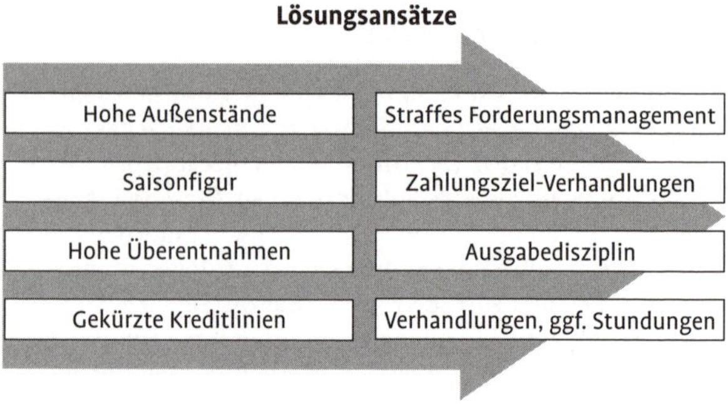

Abb. 6
Liquiditätskrisen bewältigen

eine Liquiditätskrise („Wir haben keine liquiden Mittel“) oder um eine Ertragskrise („Die Gewinne bleiben aus oder reichen nicht“) handelt. Prüfen Sie dann, welche Treiber wirksam sind.

Löschen, Bergen, Retten

Schritt drei besteht im „Löschen, Bergen und Retten“: Welches sind die wirkungsvollsten Gegenmaßnahmen? Wer ist wie zu informieren, um nicht unnötig Unruhe zu verbreiten? Welche Schäden und Verluste sind zu erwarten? Wie lassen sich diese minimieren? Bei der Suche nach Lösungen für Krisensituationen hat sich die Empfehlung bewährt, Freunde nicht zu überschätzen und Gegner nicht zu unterschätzen.

Die Einteilung Abbildung 6 ist sehr grob, sie hilft jedoch bei der Analyse akuter Krisensymptome. Bekannt ist, dass die Schäden durch Löschwasser häufig genauso groß oder größer sind als die eigentlichen Brandschäden. Um bei den Löscharbeiten am Krisenherd im Unternehmen unnötige Schäden zu vermeiden, ist diese Analyse jedoch vorrangig. Hektik und Panik sind auch in der Krise keine guten Ratgeber. Wenn die Natur der jeweiligen Krise erkannt ist und die wesentlichen Treiber identifiziert sind, lassen sich Gegenmaßnahmen passgenau zum Einsatz bringen.

In Liquiditätskrisen hilft häufig bereits ein strafferes Forderungsmanagement. Es lässt sich durch Zahlungsziel-Verhandlungen mit Ihren Debitoren unterstützen. Nutzen Sie jede Möglichkeit zur Schärfung der Ausgabendisziplin. Führen Sie ggf. darüber hinaus auch Zahlungszielvereinbarungen mit Ihren Gläubigern, den Kreditoren Ihres Unternehmens.

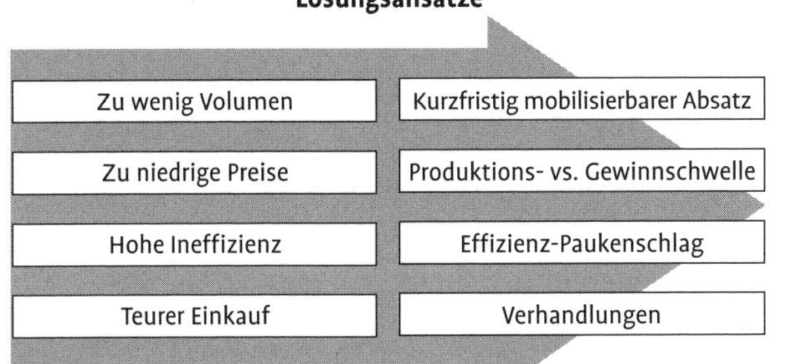

Abb. 7
Ertragskrisen bewältigen

Bei Ertragskrisen ist zu prüfen, welche Möglichkeiten es gibt, kurzfristig den Absatz zu erhöhen. Effizienzsteigerungsmöglichkeiten sind aufzuspüren und ggf. Nachverhandlungen mit wichtigen Lieferanten oder Abnehmern zu führen.

Jede Krise ist anders, einfache, universell wirksame Patentrezepte können auch die Abbildungen 6 und 7 nicht anbieten. Der beste Umgang mit Krisen besteht darin, sie durch ein wirkungsvolles Risikomanagement rechtzeitig aufkeimen zu sehen und dann durch konsequente Gegenmaßnahmen bereits in einer frühen Phase zu bändigen.

Gehen Sie in der Krisenbewältigung systematisch und strukturiert vor. Arbeiten Sie die drei Schritte konsequent ab und geben Sie jedem der Schritte „Erkennen", „Verstehen", „Handeln" seinen Raum. Das hilft den Überblick zu behalten (Strategie!), kühlen Kopf zu bewahren (Entscheidungsvorbereitung!) und erfolgreich gegen die Krise (und nicht nur gegen die Symptome) vorzugehen.

2.3 Veränderung gestalten: Strategie-Optionen

Wer sich verändern will, wer sein Unternehmen bewegen will, muss wissen wo er steht. Aus der Bestandsaufnahme im Unternehmenshaus, der darauf aufbauenden systematischen Stärken-Schwächen / Chancen-Risiken-Analyse und der Ansicht aus unterschiedlichen Perspektiven ergibt sich eine umfassende Bestimmung der „Position“ des Unternehmens.

Entwicklung bedeutet Veränderung

Das ist die Grundlage dafür die Vision des Unternehmens in konkrete Entwicklungziele zu übertragen. Sie wissen, wohin Sie wollen und wie Sie dorthin kommen wollen. Nun haben Sie unternehmerische Entscheidungen vorzubereiten. Beantworten Sie dazu folgende Fragen:

- Welche Entwicklungsmöglichkeiten stehen zur Auswahl?
- Welche Anforderungen und Kriterien sind an Entwicklungsziele und -strategien zu stellen?
- Welche Entwicklungsrichtung wählen wir aus?
- Wie formulieren wir unsere Entwicklungsziele konkret, messbar und umsetzungsorientiert?
- Auf welche Stärken können wir bauen?
- Welche Chancen sollten wir nutzen?
- Auf welche Schwächen sollten wir besonders achten, um nicht daran zu scheitern?
- Welche Risiken sollten wir von Anfang an konsequent in den Blick nehmen, um unsere Erfolgswahrscheinlichkeiten zu erhöhen?
- In welchen Gestaltungsbereichen der Unternehmensführung müssen wir möglicherweise Kapazitäten erweitern oder Qualitäten verbessern?
- Wo finden wir Unterstützer und Unterstützung auf dem Weg zu unseren Zielen?
- Wer könnte uns helfen, die Chancen konsequent zu nutzen?

Sie beantworten diese Fragen und ermöglichen sich so, Entwicklungsziele zu wählen und zu formulieren. Sie finden den richtigen Weg dorthin: Ihre Strategie muss zu Ihrem Unternehmen und seinen Stärken und Schwächen, den Chancen und Risiken passen. Sorgen Sie dafür, dass die Schwächen Ihres Unternehmens nicht hinderlich werden und dass mögliche Risiken den Erfolg der Strategie nicht gefährden.

Strategie braucht Überblick

Der Ursprung des Begriffs Strategie findet sich im Militärischen. Hier bezeichnet er die am Gesamtziel ausgerichtete Vorgehensweise. Das „Strategische“ unterscheidet sich hier vom „Taktischen“. Taktische Maßnahmen zielen auf den kurzfristigen Vorteil, nachrangig, ob er zum großen Ganzen beiträgt (was wir haben, haben wir). In der Unternehmensführung ergänzt sich strategisch zum Begriffspaar mit dem Operativen. Gemeinsam ist beiden, das sich in der Strategie die Gesamtausrichtung zu einem umfassenden Ziel(komplex) verbindet

Hoch hinaus

Nehmen Sie einen Wandersmann im Hochgebirge. Ein nicht-strategisch orientierter Wanderer beginnt morgens seinen Ausflug mit leichtem Gepäck und gut gelaunt. „Ob es aufwärts geht oder abwärts“, so sagt er sich, „das merk' ich dann schon. Irgendwann werde ich wohl oben ankommen.“ Anders der Stratege. Er nimmt sich zunächst einen Moment Zeit – und einen gesunden Abstand zu seinem Vorhaben. Entweder mithilfe eines Rundumblicks auf das Gebirgspanorama oder mithilfe der Karte oder mit einer Kombination aus beidem: Er findet heraus, welcher Gipfel der höchste ist, welche Route er wählen sollte um zum Ziel zu kommen. Der Vorteil des Strategen: Selbst wenn der Pfad mal nicht nur bergauf führt, sondern auch dann, wenn es über ein Hochplateau geht bzw. ein Tal zu durchqueren ist, verliert er den Überblick nicht. Der „Nicht-Stratege“ beginnt hier nervös zu werden, weil es ja anscheinend nicht mehr aufwärts geht.

Regeln kennen ist wichtig – reicht aber nicht

Eine Idee von der Bedeutung der Strategie bekommen Sie auch aus der Analogie zum Schachspiel. Um Schach spielen zu können, müssen Sie die Regeln kennen. Sie brauchen ein Schachbrett mit 64 abwechselnd schwarzen und weißen Feldern. Sie benötigen zweimal 16 Figuren in unterschiedlichen Farben. Die 16 Figuren einer Farbe setzen sich zusammen aus acht Bauern, zwei Türmen, zwei Springern, zwei Läufern, einer Dame und einem König. Jede dieser Figurengruppen hat streng definierte Bewegungsmöglichkeiten. All das müssen Sie wissen, sonst scheitert Ihr Vorhaben bereits bevor es überhaupt losgehen kann. All Ihre Regelkenntnis garantiert Ihnen jedoch noch nicht den Sieg. Regelkenntnis hat Ihr Gegner schließlich auch. Es reicht nicht einmal eine klar definierte Aufgabe zu haben und ein messbares Ziel. So etwas hat Ihr Gegner auch. Die Aufgabe besteht darin, mithilfe Ihrer Figuren Ihr Spiel zu kontrollieren und die Oberhand auf dem Spielfeld zu erringen. Das

Ziel des Spiels ist das „Schachmatt“ des Gegners, d. h. seinen König zu schlagen. Um die Aufgabe erfolgreich zu bewältigen und Ihr Ziel zu erreichen, brauchen Sie eine überlegene Strategie und taktisches Geschick. Ihre Strategie sollte Ihrem Gegner mindestens einen Zug voraus sein – und zusätzlich muss sie geeignet sein, auf mögliche Strategien Ihres Gegners angemessen zu reagieren.

Der Schachspieler kann aus einer Vielzahl möglicher Strategien auswählen. Es gibt offensive, aggressive Strategien, es gibt defensive oder listige Strategien. Es gibt Strategien, die auf Überraschung und Verwirrung setzen und es gibt solche, die auf Zeit spielen und den Gegner zermürben sollen. Es gibt Strategien, die auf schnellen Sieg setzen und es gibt solche, die auf Fehler des Gegners lauern. Egal welche Sie wählen: Sie muss am Ende überlegen sein. Was zwischen Eröffnung und Schachmatt geschieht, ist nachrangig. Vorrangig ist die Strategie mit Zielorientierung. An diesem Sprachbild zeigt sich deutlich der Unterschied zwischen Regelkenntnis und strategischer Überlegenheit. Es zeigt sich die Bedeutung des Ziels und die Möglichkeit, aus taktischen Erwägungen scheinbar wichtige Figuren opfern zu können. Und dieses Bespiel zeigt auch, was für Kooperationen wichtig ist. Das Schachspiel ist darauf angelegt, einen Sieger zu ermitteln. Ein gutes Schachspiel erlaubt aber auch zwei Gewinner. Beide Spieler, auch der am Ende unterlegene, können aus einem interessanten Spiel ihren Nutzen ziehen. Selbst der beste Schachspieler kann seinen Nutzen nur dann optimieren, wenn er einen Gegner hat, der gegen ihn antritt. Die beiden Konkurrenten um den Sieg sind gleichzeitig Kooperationspartner darin, einen interessanten Schachabend zu verleben.

In der Unternehmensführung steht die Strategie für die Gesamtsicht oberhalb des Tagesgeschäftes. Zum Strategischen passt der Blick aus der Vogelperspektive, der Blick von Oben, der Blick auf's Ganze. Die operativen Aufgaben werden eher aus der „Froschperspektive“ angegangen.

Das WOHIN strategischer Entwicklung

Ihren Weg zum Top-Unternehmen können Sie auf verschiedenen Routen verfolgen. Zunächst ist die strategische Grundsatzfrage zu klären, in welche Richtung Entwicklung stattfinden soll. Es geht um das Wohin der Unternehmensperspektiven.

Wachstum und die Veränderung des Leistungsspektrums hängen zusammen. Abbildung 8 stellt dar, dass Wachstum in zwei Richtungen stattfinden kann. Größenwachstum, dass den eigenen Hof quantitativ größer macht: Mehr Hektar, mehr Milch, mehr Säue, mehr Mastvieh. Wachstum kann aber auch konsequent qualitativ angelegt werden, d. h. höhere Produkt- oder Verfahrensqualität, größere Effizienz, bessere Nutzung vorhandener Kapazitäten. Die Frage, ob „Wachstum" automatisch in Richtung Größe gehen kann, wird angesichts ausgewählter Entwicklungen wie steigender Flächenkauf- oder -pachtpreise, den Grenzen der Arbeitswirtschaft, die ein „noch mehr" aus eigener Kraft möglicherweise gar nicht mehr zulassen, zunehmend aktueller. Im Agrarsektor gibt es vielfältige Beispiele für Einkommenskombinationen, in denen der landwirtschaftliche Betrieb zum Nebenerwerbsunternehmen umorganisiert wird. „Downsizing", also Kleinerwerden, ist eine echte Option und nicht einmal ungewöhnlich. Größerwerden

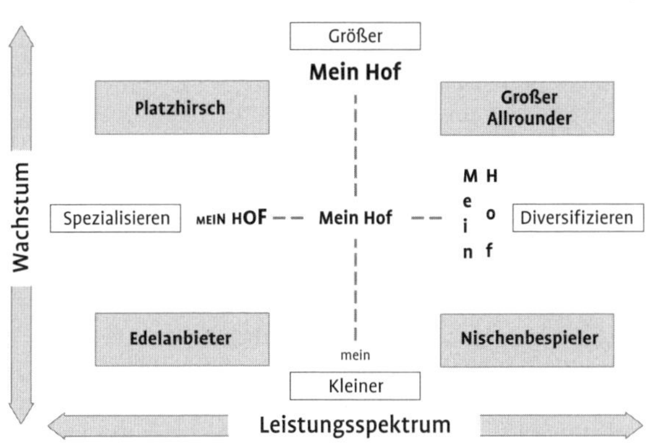

Abb. 8
Das WOHIN von Unternehmenswachstum und -entwicklung

führt zu mengengetriebenem Umsatzwachstum, und ermöglicht durch Größeneffekte Effizienzvorteile im Markt-, Produktions- und Managementgeschehen. Kleinerwerden verlangt demgegenüber eine klare Strategie, um die verringerten Umsatzrückgänge zu kompensieren. Zuweilen tritt – bei unrentabler Produktion – auch der scheinbar und nur auf den ersten flüchtigen Blick paradoxe Fall ein, dass eine Einschränkung oder sogar der vollständige Verzicht auf Produktionszweige mit negativem Deckungsbeitrag sogar eine Gewinnsteigerung auslösen kann.

Diversifizieren oder spezialisieren?

Neben der Wachstumsentscheidung ist eine Entscheidung zur Gestaltung des Leistungsspektrums erforderlich. Spezialisieren, d. h. konsequente Konzentration auf eine eng sortierte Produktpalette oder Diversifizieren, d. h. eine breite ausgestattete Produktpalette? So wie bei der Frage nach der Wachstumsrichtung sind auch hier klare strategische Unternehmerentscheidungen erforderlich, die auf eine sorgfältige Stärken-Schwächen / Chancen-Risiken Analyse abzustützen sind. Die Notwendigkeit dieser Entwicklungsentscheidung folgt einer Wachstumsentscheidung fast zwangsläufig nach: Nur dann, wenn alle bestehenden Betriebszweige bzw. Geschäftsfelder synchron und gleichmäßig ausgebaut werden, führen Wachstumsmaßnahmen nicht zu Verschiebungen. Jede Entscheidung, die zu einem neuen Betriebszweig führt ohne dass ein bisheriger aufgegeben wird, diversifiziert das Leistungsspektrum. Jede Wachstumsmaßnahme, die mit der Aufgabe eines Betriebszweiges einhergeht oder die einen von mehreren Betriebszweigen ausbaut, ohne die anderen im Gleichschritt mitzunehmen, führt tendenziell in Richtung Spezialisierung.

Es gibt keinen einzig richtigen Weg. Es gibt aber wohl die Notwendigkeit, im Wachstum strategische Grundsatzentscheidungen zu treffen und dann konsequent zu verfolgen. Aus der resultierenden Kombination von Wachstums- und Entwicklungsentscheidungen ergeben sich die Richtungen der Unternehmenszukunft. Wo Größenwerden und Diversifizieren zusammentreffen, läuft das Unternehmen auf einen wachsenden Gemischtbetrieb zu. Diversifizieren kann dann dazu dienen die Produktpalette abzurunden. Beispiel dafür wäre ein Direktvermarkter, der seine Kunden umfassend aus eigener Erzeugung bedienen will und sich von Zukaufnotwendigkeiten unabhängig(er) machen wird.

Platzhirsch oder Edelanbieter?

Treffen Größerwerden und Spezialisieren zusammen, ergibt sich daraus die Richtung eines „Platzhirsches", der für ein Produkt auf jeden Fall durch Spezialisierung Know How Vorteile aufbaut und möglicherweise auch seine Marktposition ausbaut. Wer beispielweise die Milcherzeugung aufgibt, kann erhebliche Zeit und Ressourcen in einen künftig dominierenden Betriebszweig Biogas lenken. Wer kleiner wird und dennoch auf Diversifizieren setzt, kann – und sollte möglicherweise – verschiedene Nischen bespielen. Eine Strategie der Kostensenkung wäre schwer zu realisieren, wenn nicht nur keine Größeneffekte aufgebaut, sondern sie – im Gegenteil – noch abgebaut werden. Ein Beispiel: Raus aus dem Gemischtbetrieb und einen Einstieg in einen Hofladen mit Bauernhofcafé im Nebenerwerb zur Vermarktung eines regionaltypisch und saisonal passenden Sortiments aus eigener Erzeugung. Zum Edelanbieter kann der werden, der sich konzentriert spezialisiert und dabei kleiner wird. Wo diese Strategie mit der Entwicklung einer Nische mit gesichertem Alleinstellungsmerkmal verfolgt wird, kann eine komfortable Preispolitik zu einem einträglichen Modell werden.

Prüfen Sie gründlich, ob tatsächlich immer Masse vor Klasse, Größe vor Qualität als Entwicklungsstrategie Nummer 1 in Frage kommen muss. Sie sind als Unternehmer gefordert, Ihre Optionen sorgfältig zu prüfen und dann Entscheidungen zu treffen, die eine klare Richtung weisen.

Das WIE strategischer Entwicklung

Kostenführer oder Qualitätsführer?

Eine weitere strategische Grundsatzentscheidung richtet sich auf das Wie der übergreifenden Unternehmensentwicklung. Aus der Grundsatzfrage Kostenführer oder Qualitätsführer bzw. Differenzierer folgt die Frage nach der marktgetriebenen Gesamtstrategie – und darüber hinaus ist zu klären, ob Wachstumsschritte aus eigener Kraft und „autonom" erfolgen sollen oder ob eine Kooperationsstrategie Mittel der Wahl ist.

Auch hier ergeben beide Strategiedimensionen eine Kombination. Wer aus eigener Kraft, solo, Kostenführerschaft anstrebt, wird zu einem konsequenten Kostensenker, dem

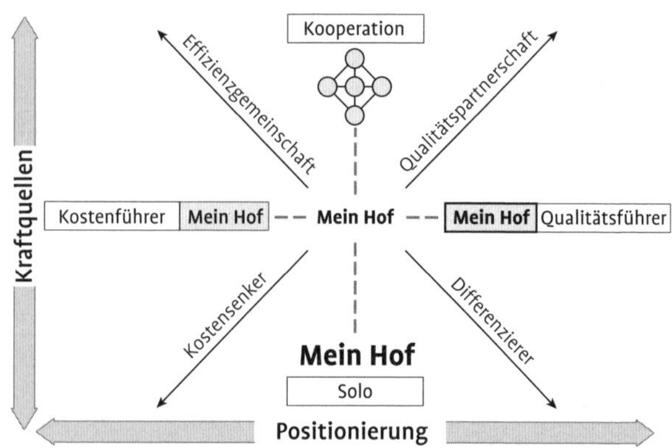

Abb. 9
Das WIE von Unternehmenswachstum und -entwicklung

die klassischen Wege über Größeneffekte und Verfahrenseffizienz zu Gebote stehen. Wer eine Kostenführerschaft in Kooperation anstrebt, ist auf dem Weg zu einer Effizienzgemeinschaft, in der sich die Kostensenkungspotenziale mehrerer Akteure in horizontaler (Landwirt – Landwirt) oder vertikaler Zusammenarbeit (Landwirt – Lieferant; Landwirt – Kunde) ergänzen. Durch Kooperation in das Wertschöpfungsnetz hinein entstehen erhebliche Hebelwirkungseffekte. Sie nutzen Kraftquellen außerhalb des Unternehmens um Ihre Strategie umzusetzen. Analog verhält es sich mit der Qualitätspartnerschaft. Wer beispielsweise an Qualitätsfleischprogrammen teilnimmt, die vom Grundfutter bis zur Ladentheke einheitliche Qualitätsstandards durchsetzen und gewährleisten können, ist Teil eines stabilen Netzwerks, dem es leichter gelingt das Vertrauen der Verbraucher zu gewinnen und zu erhalten. Es ist in diesem Fall sogar Voraussetzung dafür, die Extra-Anstrengungen zugunsten der Qualität vom Endkonsumenten entgelten zu lassen. Die Differenzierer-Strategie im Alleingang erfordert erhebliche Anstrengungen nicht nur in der Produktion sondern auch in der Kommunikation mit den Marktteilnehmern. Abbildung 9 zeigt die Optionen, mit deren Hilfe Sie Ihr Unternehmen auf den angestrebten Kurs bringen können. Sie erkennen, dass wichtige Grundsatzentscheidungen für Klarheit sorgen: Wollen Sie alleine oder in Kooperation weiterkommen, zielen Sie auf Kosteneffizienz oder Top-Qualität?

3 Entwicklungstreiber Trends

Ein Unternehmen ist vielfältig über Austauschbeziehungen unterschiedlichster Art in Netzwerke eingebunden. Im Unternehmenshaus[1] ist der Unternehmer Hausherr. Er trifft die Grundsatzentscheidungen, sorgt für ihre Durchsetzung und ist für Erfolg und Misserfolg verantwortlich. Nach außen ist es seine Aufgabe, das Unternehmensumfeld zu verstehen und dann die Außenbeziehungen aktiv zu gestalten. Wesentliche Impulse im Unternehmensumfeld folgen aus Trends, übergreifenden Entwicklungen, die sich auf die Branche auswirken.

Landwirtschaft ist Wirtschaft; auch – aber nicht nur!

Die Trends, denen der Sektor ausgesetzt ist, spiegeln unterschiedliche, keineswegs nur wirtschaftlich dominierte Entwicklungen. Die zunehmend engen Verflechtungen der Landwirtschaft in die Gesamtwirtschaft bis in internationale Netzwerke hinein verlangen für eine umfassende Lagebeurteilung auch eine ausdrückliche Berücksichtigung der Entwicklungen im Umfeld des Unternehmens und der Branche. Ohne ein Verständnis der Trends in Gesellschaft, Technologie, Ökonomie und Politik lassen sich unternehmerische Entscheidungen nur eingeschränkt treffen. Wichtige Entwicklungslinien für die kommenden Jahre zeichnen sich meist längerfristig ab.

Die STEP-Analyse bietet ein Muster, anhand dessen Trends vier unterschiedlicher Bereiche systematisch erfasst werden, die auf die Unternehmensführung einwirken: Soziale (Social), technologische (Technological), ökonomische (Economic) und politische (Political) Entwicklungen.

1 Siehe Kapitel 1

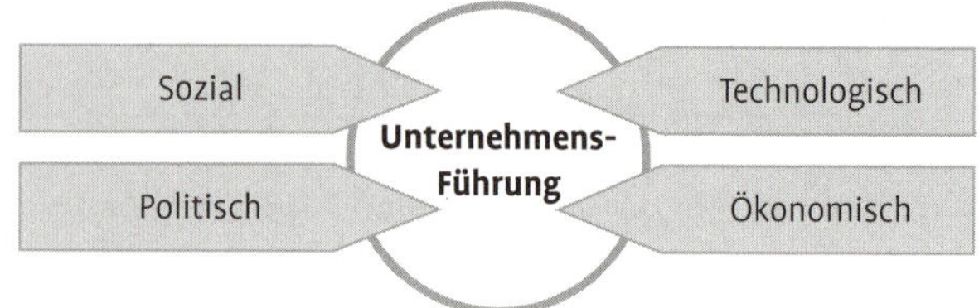

Abb. 10
Die STEP-Analyse

3.1 Soziale Trends

Gesellschaftliche Entwicklungen wirken sich auf die Landwirtschaft aus. Das war schon immer so – aber es war nicht immer so deutlich wahrnehmbar wie heute und künftig. Die gesellschaftlichen Trends beeinflussen Märkte und Meinungen, sie eröffnen Entwicklungsmöglichkeiten oder verbauen sie.

Wachsende Weltbevölkerungszahlen

Mit den weiterhin dynamisch wachsenden Zahlen der Weltbevölkerung wächst der Bedarf an Nahrungsmitteln. Die Zahl der zu ernährenden Menschen wird voraussichtlich von derzeit rund sieben Milliarden auf über neun Milliarden im Jahre 2050 anwachsen.[2] Dabei bleiben die grundsätzlich verfügbaren landwirtschaftlich nutzbaren Flächen begrenzt. Der prognostizierte Klimawandel wird sich in Form wachsender Produktionsrisiken auf Ackererträge, Herdenführung und Produktionsstandorte auswirken.[3] Die Kombination aus Bevölkerungszuwachs und begrenzt wachstumsfähiger Landwirtschaft wird eine der größten Herausforderungen für die kommenden Jahrzehnte bleiben. Bei allem technischen Fortschritt und der Erschließung von bisher nicht oder nicht optimal genutzten Ressourcen hat die Landwirtschaft in den begünstigten Zonen der Erde, zu denen die Mitte Europas sicher zählt, große Chancen – und eine große Verantwortung zugleich.

Auf den Speisekarten in den Volkswirtschaften mit hohem Wohlstandsniveau findet sich ein höherer Anteil an veredel-

2 United Nations, Department of Economic and Social Affairs, Population Division: World Population Prospects: The 2010 Revision. New York 2011

3 Kommission der Europäischen Gemeinschaften: Weissbuch „Anpassung an den Klimawandel". Brüssel 2009

Mit dem Wohlstand wachsen die Ansprüche an die Ernährung

ten und verarbeiteten Produkten. Veredlung findet in der Landwirtschaft und in den landwirtschaftsnahen Wertschöpfungsebenen statt. Die Veredlung stellt einen erheblichen Teil der Wertschöpfung in Land- und Ernährungswirtschaft dar. Convenience Food[4] und Health Food[5] sind Beispiele dafür, wie die Ernährungswirtschaft den Ansprüchen der Konsumenten an komfortabel zubereitbare Lebensmittel oder auch Lebensmittel mit vermutetem gesundheitlichem Zusatznutzen entspricht, bzw. diese Bedürfnisse gezielt entwickelt und beeinflusst. Für die Landwirtschaft ist die Beobachtung der Trends auch am „anderen Ende der Wertschöpfungskette" eine wichtige Aufgabe. Zum einen, um die Qualitätserfordernisse der Konsumenten und der Handels- und Verarbeitungsstufen zu verstehen und sie bereits bei der Erzeugung der Rohprodukte berücksichtigen zu können. Zum anderen entstehen aus Trends zuweilen „Gegentrends". Der Trend zu rationell erzeugtem und zubereitetem Convenience Food existiert neben dem Trend zu Ökolebensmitteln und regionalen Produkten. Diese Segmente haben in den vergangenen Jahren in einem insgesamt eher stagnierenden Lebensmitteleinzelhandel dynamische Zuwachsraten erzielt. Trends können sich auch überlagern. So existiert eine stabile Nachfrage nach sehr preiswerten – und damit über alle Wertschöpfungsebenen kosteneffizient erzeugten – Lebensmitteln. Gleichzeitig gibt es ein ausgeprägtes, attraktives Hochpreis-Segment, in dem Verbraucherinnen und Verbraucher den Unterschied zum Massenprodukt honorieren. Die Aufgabe der Anbieter besteht darin gute Gründe für diesen Unterschied zu liefern. Direktvermarkter oder Bauernhofcafés zeigen wie das bereits auf der Wertschöpfungsebene der Landwirtschaft funktionieren kann.

Generell steigt das Qualitätsniveau der Lebensmittel. Das gilt für die Erzeugung, die durch ein steigendes Niveau rechtlicher Maßgaben begleitet wird, und äußert sich in einem wachsenden Qualitäts- und Markenbewusstsein der Konsumenten, das sich auf die Erzeugnisse bezieht. Die Verbraucheranforderungen kommen über den Handel, die Lebensmittel(-marken)hersteller und den Erfassungshandel

4 Wörtlich: „Bequeme Nahrungsmittel"
5 Wörtlich: „Gesundheitsnahrungsmittel"

in der Landwirtschaft an. Wer die Verbraucherwünsche versteht und seine Rolle im Wertschöpfungsnetz und in der Wertschöpfungskette aktiv spielt, kann über Qualitätserzeugnisse Wettbewerbsvorteile erzielen. Wer zuverlässig Qualität nachweisen kann, stärkt seine eigene Position in der Wertschöpfungskette bis hin zum Verbraucher.

Regionale Herkunft ist gefragt

In den vergangenen Jahren hat sich auf ganz unterschiedlichen Ebenen ein Interesse an einem durchaus idyllisch geprägten Landleben sowie darüber hinaus auch ein wahrnehmbares Bedürfnis nach glaubwürdigen regionalen Bezügen heraus gebildet. Das zeigt sich einerseits in der Veränderung der Medienlandschaft.[6] Es dokumentiert sich andererseits aber auch in den aktuellen Konsumgewohnheiten. Eine Studie im Auftrag des Verbraucherministeriums kommt zu folgenden Erkenntnissen:[7]

- Rund die Hälfte aller Verbraucherinnen und Verbraucher achtet beim Einkauf darauf, dass Lebensmittel aus einer bestimmten Region kommen.
- Fast die Hälfte aller Verbraucherinnen und Verbraucher kauft regionale Lebensmittel auf dem Wochenmarkt. Supermärkte sind mit Abstand die Hauptbezugsquelle. 41 Prozent der Befragten kaufen regionale Produkte direkt vom Bauern.
- Hauptmotive der Verbraucher sind ihr Vertrauen zu den Landwirten aus der Region, kurze Transportwege, ein positives Lebensgefühl.
- 79 Prozent der Verbraucher wären bereit, mehr Geld für regionale Lebensmittel auszugeben.
- Bei einer Regionalkennzeichnung wäre nur für 56 Prozent der Befragten eine klare geographische Abgrenzung wichtig. Am wichtigsten ist, dass das Produkt in der Region verarbeitet wurde. 70 Prozent der Verbraucher legen Wert darauf, dass bei Fleischprodukten auch die Futtermittel aus der Region stammen.

6 Das Erfolgsrezept des Heimatmagazins Landlust. In: Der Spiegel. Nr. 17, 23.04.2012

7 EMNID: Was denken deutsche Verbraucher über regionale Lebensmittel? Ergebnisse einer Umfrage im Auftrage des Bundesministeriums für Landwirtschaft, Ernährung und Verbraucherschutz. (1000 Befragte/Umfragezeitraum 16.-19.12.2011). Berlin 2012

Zugespitzt könnte man der Einschätzung folgen, dass die Bedeutung des Trends zur Regionalität die des Trends zu „Bio" eingeholt habe.[8] Offenkundig bietet dieser Trend erhebliche Chancen das Verbrauchervertrauen gezielt anzusprechen. Herkunft, am besten gepaart mit einer hohen Qualität, wird zu einer eigenen Produkteigenschaft, die ihren „Kopierschutz" in der nicht-übertragbaren eindeutigen regionalen Zuordnung hat. Diese Chancen werden am ehesten die Unternehmen nutzen können, denen es gelingt ihre regionale Herkunft über die Wertschöpfungskette hinweg bis zum Verbraucher deutlich zu machen: Raus aus der Massenware, hin zur regionalen (Wieder-) Erkennbarkeit

Bei steigenden Einkommen sinkt der Anteil der Ausgaben für Lebensmittel

In Wohlstandsgesellschaften steigt das Niveau der Ausgaben für Lebensmittel tendenziell nicht so stark an, wie das Niveau der Einkommen. Dadurch nimmt ihr Anteil an den Gesamtausgaben ab. Zudem sinken die Anteile des Landwirts an den Lebensmittelausgaben.[9] Während z. B. in den 1970er Jahren der Anteil der Landwirte an den Verbraucher-Ausgaben für Lebensmittel bei über 45 % lag, hat sich der Wert aktuell auf rund 20 % gesenkt. Das spiegelt eine sinkende relative Bedeutung des Landwirts wieder. Andere Ebenen des Lebensmittelwertschöpfungsnetzes haben offenbar Ihren Anteil an den Verbrauchausgaben erhöht.

3.2 Techniktrends

Die Geschichte der Landwirtschaft ist auch eine Geschichte der Landtechnik. Produktivitätsfortschritte führten dazu, dass heute ein Landwirt rechnerisch mehr als 130 Menschen ernährt. Sein Berufskollege aus dem Jahr 1950 kam rechnerisch auf 15 Menschen. Eine klare Sicht auf die Verhältnisse zeigt allerdings, dass diese Fortschritte nicht allein auf einen gestiegenen Fleiß der Landwirte zurückzuführen wären. Die Zahlen weisen eben auch aus, dass ein erheblicher Teil der landwirtschaftlichen Produktion in die Werkshallen der Landtechnik und der agrarchemischen Industrie „verla-

8 Süddeutsche Zeitung vom 10.09.2012
9 Deutscher Bauernverband: Situationsbericht 2011. S. 22

gert“ worden ist. Die „Fertigungstiefe“ der Landwirtschaft hat sich – wie generell in der produzierenden Wirtschaft – verflacht, Teilfunktionen wurden ausgelagert. Dieser Fortschritt ist sichtbares Zeichen einer arbeitsteiligen, über eine Reihe von Wertschöpfungsebenen hinweg verflochtenen Wirtschaftsweise.

Entwicklungstreiber Technik

Schauen Sie sich im Fotoalbum Ihrer Familie und Ihres Betriebes Bilder aus den 50er und 60er Jahren an. Sie sehen dort noch Pferde im Einsatz, Ihren Großvater mit der umgehängten Düngeschale, nachdem er morgens die Eimermelkanlage bedient hatte; gezogene Mähdrescher als Symbole für die Leistungsfähigkeit der Landtechnik und Traktoren mit Blechsattel oder – wenn sie an der Spitze des Fortschritts standen – Spitzbubenverdeck. Sehen Sie sich heute auf dem Hof um: Traktoren mit bis zu rund 400 PS, Transportfahrzeuge, deren Abmessungen hart an die Grenzen der Straßenverkehrsordnung stoßen, mit einem zulässigen Gesamtgewicht, dass den Bürgermeister nach Durchfahrtsbeschränkungen für die Gemeindewege rufen lässt. Diese Sprünge in der Technikentwicklung haben sich in gut einer Generation durchgesetzt. Wagen Sie den Blick nach vorne: Wie werden die Maschinen, in zehn, zwanzig oder dreißig Jahren aussehen? Bereits heute ist erkennbar, dass sich die Generalrichtung der Landtechnik-Innovationen von schneller, größer, breiter hin zu intelligenter – Datenmanagement, Präzision und integrierten Systemlösungen – orientieren wird. Welche Voraussetzungen muss Ihr Unternehmen mitbringen, um diese Technik effizient einsetzen zu können?

Steigende Investitionsvolumina

Größe und Leistungsfähigkeit gibt es nicht umsonst. Mit ihnen wachsen die Anschaffungswerte der Technik. Das führt zu steigendem Finanzierungsbedarf und in der Folge zu zunehmender Beanspruchung der Liquidität. Daraus folgen wiederum steigende Fixkosten aus erhöhten Abschreibungsbeträgen und höherem Zinsaufwand. Das führt weiter zu neuen Finanzierungs- und Nutzungsmodellen, ggf. mit integrierten Dienstleistungen, die Gebäude- und Maschineninvestitionen begleiten. Es verlangt vom Unternehmer aber auch eine ständige Überprüfung, inwieweit sich höhere Leistungsfähigkeit und erweiterte Möglichkeiten in den gegebenen Größenstrukturen ausschöpfen lassen. Unternehmerische Aufgabe ist es die erweiterten Möglichkeiten rentabel ausschöpfen. Finden Sie vielleicht auch neue Wege innovative Technik nutzen zu können selbst wenn eine eigene Investition nicht rentabel möglich ist: Nutzen statt besitzen.

Die Auslastung lässt sich einerseits durch betriebliches Wachstum mit einer Ausdehnung der Einsatzstunden erhöhen oder andererseits durch den überbetrieblichen Einsatz der Technik. Investitionsentscheidungen, die über die reine Ersatzbeschaffung ausgemusterter Gebäude, Maschinen oder Geräte hinausgehen, ziehen also zwangsläufig einen erweiterten Blick auf die Zukunft des Unternehmens nach sich.

Vorsprung für Technik

Wenn die Einsatzgrößenordnungen nicht mit der steigenden Leistungsfähigkeit neuer Technik mithalten, bedeutet das einen Verzicht auf Effizienz. Jede effizient genutzte Stunde, jede effizient genutzte PS muss dann die nicht effizient genutzten Kapazitäten „durchfüttern". Das sollte den Unternehmer stören, wenn er es in seinem Unternehmen sieht.

In der betriebswirtschaftlichen Organisationslehre gibt es den Grundsatz „Form follows Function". Die Organisationsform folgt der Aufgabe, die sie zu erfüllen hat. Auch in der Landwirtschaft entsteht zuweilen der Eindruck, dass nicht vorrangig die zu erfüllende Aufgabe Schrittmacher ist, sondern die Möglichkeiten, die durch die Innovationsgeschwindigkeit der Landtechnik eröffnet werden. Die Technik liegt einen kurzen Kopf vorne, die Entwicklung der Organisationsstrukturen „hechelt" dem technischen Fortschritt hinterher. Die Organisation des Betriebes folgt der Leistungsfähigkeit der Technik. Sie gibt die Geschwindigkeit vor, mit der sie eingesetzt wird. Unternehmerisch richtig ist es, den Strukturen, die den rationellen Einsatz der Technik erlauben, genauso viel Augenmerk zu widmen wie der Technikentwicklung selbst. Damit wird die Entwicklungsgeschwindigkeit des Unternehmens zum Maßstab für das Investitionsgeschehen, weniger der Modellwechsel des Technikanbieters.

Wandel durch Skaleneffekte

Die Größe und Leistungsfähigkeit der Landtechnik führt also zu Skaleneffekten. Skaleneffekte sind Größenvorteile. Sie resultieren aus Wachstum. Economies of Scale, Skaleneffekte im engeren Sinne, bezeichnen Vorteile aus der Ausdehnung der Produktion bzw. des Produktionsverfahrens nach dem Muster „Mehr vom Selben". Economies of Scale resultieren aus der besseren Verteilung der Fixkosten bei einer steigenden Anzahl von Kostenträgern bzw. steigenden Einsatzstunden der Technik. Beispiel: Ein Traktor für 150.000 Euro, dessen Fixkosten in diesem Beispiel stark vereinfachend nur aus dem kalkulierten Wertverlust, sprich der AfA, bestehen sollen, käme bei einer Nutzungsdauer von zehn Jahren auf einen kalkulierten jährlichen Fixkostenblock aus Wertverlust von 15.000 Euro pro Jahr. Bei einem Einsatzumfang von jährlich 500 Stunden entfallen rechnerisch 30 Euro auf jede Einsatzstunde. Bei einer Ausdehnung der Einsatzdauer auf 600 Stunden, entfallen 25 Euro auf jede Einsatzstunde. Der Skaleneffekt: 5 Euro/Stunde.

Economies of Scope bezeichnen Verbundeffekte. Sie sind Skaleneffekte im weiteren Sinne und bezeichnen Vorteile aus Synergieeffekten zwischen unterschiedlichen Produktionsbereichen. Wer in seiner Biogasanlage die Gülle aus dem Schweinestall einsetzt, nutzt Economies of Scope. Die Beispiele zeigen, dass Skaleneffekte zu erheblichen Kostenvorteilen führen können. Kostenvorteile stärken die Wettbewerbsposition sowohl auf den Absatz- als auch auf den Beschaffungsmärkten. Sie fördern Größenwachstum.

3.3 Ökonomische Trends

Preise in Bewegung

Mitte 2007 geschah etwas Bemerkenswertes. Auf verschiedenen Produktmärkten schossen die Preise zunächst steil in die Höhe und innerhalb von zwei Jahren ebenso steil bergab. Es gab Regionen, in denen sich der Milchpreis von einem Niveau von unter 30 ct/kg auf über 40 ct/kg hob und anschließend auf ein Niveau von unter 20 ct/kg absenkte. Solche Preisausschläge überstiegen selbst die in den bis dahin nicht durch Interventionsmechanismen gedämpften Preisfiguren beispielsweise für Schweine, Kälber oder Kartoffeln. Abbildung 11 bildet einen auf das Jahr 2005 auf „100" indexierten Verlauf der Milch- und der Schweine-

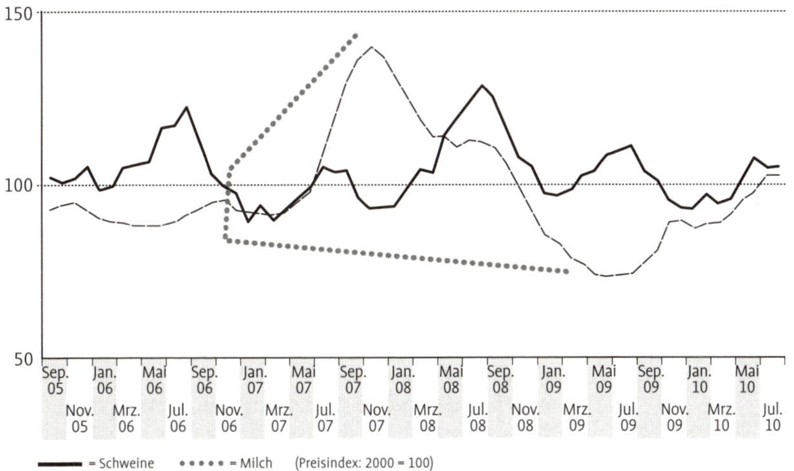

Abb. 11
Erzeugerpreise für Milch und Schweine 2005–2010
Quelle: Eigene Darstellung auf Grundlage Statistisches Jahrbuch 2009

preise ab. Dadurch beziehen sich die folgenden Werte stets auf den vereinheitlichten Ausgangswert. Die Indexierung macht eigentlich Ungleiches über einen einfachen Dreisatz vergleichbar. Die rosafarbene Schweinepreislinie wies von 2005 an Schwankungen zwischen rund 85 (Januar 2007) und rund 125 (November 2008) auf.

Preisfiguren auf freien Märkten so zu durchdringen, dass zu Bestpreisen ver- oder gekauft wird, gehört zu den spannendsten Aufgaben, die in der Marktwirtschaft zu vergeben sind. Das ist bereits schwierig bei der nachträglichen Analyse von Zahlenwerten aus der Vergangenheit. Nahezu aussichtslos ist dieses Unterfangen für Mengenanpasser.[10] Sie haben individuell keinen Einfluss auf die Marktpreisfindung. Für die Mehrzahl aller landwirtschaftlichen Unternehmen bleiben die Marktpreise in ihrer Volatilität kaum berechenbar Veränderliche.

Dynamisches Umfeld

Strukturwandel findet statt. Die Fusionswellen in den vor- und nachgelagerten Branchen haben die Strukturen um die Landwirtschaft herum teilweise drastisch verändert.

10 Mengenanpasser sind Anbieter ohne Marktmacht. Sie können Preise nicht beeinflussen und allein mit veränderlichen Mengen auf Preisbewegungen reagieren.

Verglichen damit erscheint der Strukturwandel im Agrarsektor fast wie ein ausgesprochen gemächlicher Waldspaziergang. Durchschnittlich schließen ca. 2–3 % der landwirtschaftlichen Unternehmen ihre Hoftore für immer.[11] Das gilt wohlgemerkt für die Branche als Ganze. Für jeden einzelnen ausscheidenden Betrieb ist dieser Schritt ein gravierender, abschließender und oft schmerzhafter Einschnitt. Dieser Strukturwandel ist aber auch Voraussetzung für einzelbetriebliches Wachstum der dynamischen Unternehmen in der Landwirtschaft.

Mit der steigenden Produktivität der Landwirtschaft geht die zunehmende Verflechtung in Wertschöpfungsnetze einher. Die Strukturveränderungen in den vor- und nachgelagerten Bereichen stehen unter dem Einfluss globaler Konzentrationsprozesse. In dem Maß, in dem die vor- und nachgelagerte Bereiche dem starken Einfluss globalisierter Strukturen unterliegen, nimmt die Integration hin zu stärker vernetzten Produktionsstrukturen weiter zu. In den vergangenen Jahren und Jahrzehnten haben sich die Strukturen der Hersteller und der Händler von Landtechnik, Agrarchemie und sonstigen Vorleistungen drastisch verändert. Auf der Nachfrageseite des landwirtschaftlichen Unternehmens sieht es ähnlich aus. Auch bei Schlachthöfen, Molkereien, im Erfassungshandel bis in den Lebensmitteleinzelhandel sind die Marktstrukturen durch weniger, dafür größer und im Kern leistungsfähiger gewordene Partner gekennzeichnet. Der Prozess der Fusionen, Übernahmen und Verdrängung ist nach wie vor im Gang. Der Zwang zur Konkurrenzfähigkeit im internationalen Wettbewerb und die Bemessung der Leistungsfähigkeit in globalisierten Märkten haben einen rustikalen Anpassungsprozess, teilweise auch ruppigen Verdrängungsprozess, befeuert. Das führt in Teilen zu neuen räumlichen Distanzen zum Händler oder Servicestützpunkt, teilweise aber auch zu neuen Marktkonstellationen. Die Erkenntnis „Konkurrenz belebt das Geschäft" nutzen zu können, setzt voraus, dass konkurrierende Anbieter bzw. Nachfrager in

11 Bundesministerium für Ernährung, Landwirtschaft und Verbraucherschutz: Agrarpolitischer Bericht 2011 der Bundesregierung. Bonn/Berlin 2011, S. 36.

Reichweite des eigenen Unternehmens sind. Anders als in der Landwirtschaft finden diese Veränderungen in den vor- und nachgelagerten Bereichen oft sprunghaft, mit drastischen Konsequenzen für die jeweiligen Märkte und Marktpartner statt.

3.4 Politische Trends

Der Agrarsektor gilt als Vorreiter. In der europäischen Integration spielt er eine herausragende Rolle. Nur wenige Politikfelder sind so weitgehend in der Europäischen Union harmonisiert und integriert wie die Agrarpolitik. Über Jahrzehnte unterlag der Sektor ausgeprägter politischer Steuerung, die sich unter anderem über die Politikfelder Ernährungs-, Markt-, Sozial-, Umweltpolitik erstreckte.

Richtungswechsel der Politik – aus dem Betrieb und in den ländlichen Raum

Agrarpolitik hat seit Beginn der Europäischen Gemeinschaft bzw. der Europäischen Union eine zentrale Rolle gespielt – wenn auch aus unterschiedlichen Gründen. In ihren Anfängen hat die Gemeinsame Agrarpolitik (GAP) über die Mitte des vergangenen Jahrhunderts hinweg im Angesicht der wichtigsten Aufgabe des Sektors – den Mangel zu bekämpfen – als ein gemeinsames politisches Handlungsfeld in Brüssel Gestalt angenommen. Nach wenigen Jahren wurde die Politik durch sprunghafte Produktivitäts- und Produktionsfortschritte – und wohl auch durch die sie begünstigenden politischen Rahmensetzungen – an ethische (Überschuss-Entsorgung) und budgetäre Grenzen geführt. In den 90er Jahren führten dann umfangreiche Neuausrichtungen zu einer Entkopplung der bis dahin produktionsanregenden Agrarförderungssysteme, insbesondere der Marktordnungen, hin zu einem stärker die ländlichen Räume als Ganzes in den Blick nehmenden Politikrahmen. Für die Landwirte hatten und haben diese Rahmensetzungen deutliche Konsequenzen. Die Landwirtschaft hat sich zu einem Wirtschaftszweig entwickelt, in dem gesellschaftliche Wertschätzung immer weniger erfolgsbestimmend ist. Erfolg in der Landwirtschaft ist zunehmend unternehmerischer Erfolg. Die politischen Signale seit Anfang der 1990er Jahre weisen deutlich in eine Richtung dorthin, wo der unternehmerische Landwirt gefragt ist.

Abb. 12
Agrarpolitik im Zeitablauf

Das agrarpolitische Interventionssystem ist heute weitgehend ausgesetzt. Die Preise für landwirtschaftliche Erzeugnisse, die bis in die neunziger Jahre durch ein ausgeklügeltes System von Marktordnungen abgefedert wurden, schwanken seither in wesentlich größerem Ausmaß. Das führt zu erheblichen Anforderungen an die Marktbeobachtung und ggf. -bearbeitung, ein Liquiditätsmanagement, das in der Lage ist, Preistäler zu überstehen und mit vorübergehend überschüssiger Liquidität rentabel umzugehen sowie an unternehmerische Grundsatzentscheidungen, wie viele Markt- und Preisrisiken das Unternehmen tragen soll.

Anforderungen an Qualität und Umwelt

Mit der Anpassung der politischen Steuerung haben sich im Zuge gesellschaftlicher Entwicklungen auch die Anforderungen an die Auswirkungen landwirtschaftlicher Produktion und die Eigenschaften landwirtschaftlicher Produkte verändert. Es ist eine gesellschaftliche Erwartungshaltung gewachsen, die der Nachhaltigkeit landwirtschaftlicher Produktionssysteme, dem Tierschutz sowie einem kräftigen Beitrag der Landwirtschaft zu einer auf erneuerbaren Ressourcen basierenden Energieerzeugung hohen Stellenwert beimisst. Dieser ist einzelbetrieblich mit der ökonomischen Nachhaltigkeit einer ertragskräftigen Landwirtschaft in Einklang zu bringen. Das ist nicht einfach, aber möglich.

Aus diesen gesamtgesellschaftlichen Maßgaben formen sich Orientierungen für die unternehmerischen Zielsetzungen, die über eine reine Gewinnmaximierung weit hinausgehen.

Verstehen Sie diese Anforderungen als Herausforderungen an den unternehmerischen Landwirt. Schimpfen Sie nicht darüber. Finden Sie in Ihrem Unternehmen, Ihrer Region, Ihrer Branche und Ihren Verbänden Lösungen. Besetzen Sie diese Themen mit positiven Nachrichten. Das ist leichter gesagt als getan, mittel- und langfristig aber wohl „alternativlos". Der unternehmerische Umgang mit solchen Hürden besteht nicht darin Klage zu führen, sondern – am besten als einer der ersten – Lösungen zu finden, durchzusetzen und zu kommunizieren.

Schimpfen Sie nicht, sorgen Sie für gute Nachrichten!

3.5 Trendfolgen

Aus den STEP-Trends folgen Chancen und Risiken. Für den Agrarsektor als Ganzes und für die Unternehmen darin heißt es: Entwicklung geht weiter.

Die STEP-Trends bilden einen großen Rahmen ab. Sie folgen allgemeinen Entwicklungen – und stehen mit ihnen in Wechselwirkung. Sie gelten für alle Unternehmen im Sektor, aber eben nicht für alle gleich. Sie wirken sich auf jedes Unternehmen individuell unterschiedlich aus. Ihre Aufgabe als Unternehmer: Verstehen Sie, welcher Trend für Ihr Unternehmen wichtig ist! Was kommt bei Ihnen am Hoftor an? Bewerten Sie dann, welche Chancen und welche Risiken Sie in diesen Trends für sich erkennen. Erweitern Sie Ihre Perspektive um den Blick auf Ihre Partner in den Wertschöpfungsnetzwerken, in denen Ihr Unternehmen mitwirkt. Leiten Sie die Entwicklungsimpulse für Ihr Unternehmen ab. Entwickeln Sie Ideen, wie Sie die Chancen am besten nutzen, ohne zu große Risiken einzugehen. Finden Sie heraus, was zu tun ist um die Stärken Ihres Unternehmens zur Geltung zu bringen. Und dann: Machen Sie ein Projekt daraus![12]

Trends wirken für alle – aber nicht für alle gleich

12 Siehe Kapitel 2.2

Innovation schlägt Tradition

Wenn verstärkt Marktmechanismen das unternehmerische Risiko entlohnen und weniger agrarpolitisch gesteuerte Marktordnungen die Zugehörigkeit zum Sektor honorieren, gewinnt die innovative Kraft an Bedeutung um mit Marktmechanismen und Trends Schritt zu halten. Es müssen klare strategische Orientierungen her, um das Unternehmen auf Kurs zu halten. Innovation ist gefragt bei „Differenzierern" um die Produkte und Leistungen deutlich vom Wettbewerb abgesetzt positionieren zu können. Innovation ist auch gefragt bei Kostenführern, die ständig gefordert sind effizientere und damit kostengünstigere Verfahren zu finden, um die aus dem Kostenvorteil resultierende Gewinnmarge nachhaltig aufrechtzuerhalten, möglicherweise kurzfristig auch ausbauen zu können.

Wachstum an der Wachstumsgrenze

Vielfach sind landwirtschaftliche Familienbetriebe an den Kapazitätsgrenzen der Familienarbeitskräfte angelangt. Wachstum ist nicht nur eine Frage von Investition und Finanzierung. Wachstum braucht zuverlässige und hochwertige Arbeitserledigung. Die dazu erforderlichen Kapazitäten lassen sich durch überbetriebliche Kooperationen oder durch den Auf- bzw. Ausbau von Personal schaffen. Dabei spielen nicht nur Zahlen eine Rolle sondern auch Qualifikation und Motivation. Professionelle Personalführung ist zunehmend ein kritischer Erfolgsfaktor für die Wachstumsstrategien in der Landwirtschaft und wird es bleiben.

Nutzung von Produktionsfaktoren vor dem Besitz daran

Geben klassische Investitionsformen die richtige Antwort auf die Herausforderungen an Wachstum in Größe, Qualität und Effizienz? Die hohe Dynamik des technischen Fortschritts verkürzt die „Halbwertzeiten" der Nutzung von Technik und Technologie. Steigende Investitionsgrößenordnungen führen zu wachsenden Anforderungen an die Finanzierung: Fehlinvestitionen können unversehens existenzbedrohliche Auswirkungen bekommen. Großinvestitionen können die gewohnten Finanzierungsstrukturen im Unternehmen gravierend verändern und Eigenkapitalquoten erheblich drücken. Das kann erforderlich sein um Großinvestitionen überhaupt anpacken zu können. So konkurriert die Nutzung von Größeneffekten in Form der Skaleneffekte mit der Beibehaltung gegebener Eigenkapitalanteile. Rentabilität konkurriert mit Stabilität. Flexiblere Nutzungsformen oder Finanzierungsmodelle können Abhilfe schaffen.

Adaptivität: Vorsprung durch Anpassungfähigkeit

Unternehmerisch-innovative Landwirtschaft benötigt Flexibilität. Solange ein Betriebszweig profitabel ist, solange Technologie nicht durch effizientere Technologie verdrängt wird, ist die Welt in Ordnung. Verändern sich hingegen die Vorzüglichkeiten, ist Anpassungsfähigkeit gefragt. Adaptivität heißt, frei nach Charles Darwin, die Fähigkeit biologischer Systeme sich an veränderte Umweltbedingungen anpassen zu können. Survival of the Fittest, die Überlegenheit des Besten bezieht sich nicht auf Größe, es richtet den Blick auf die Fähigkeit, sich zügig auf veränderte Bedingungen einstellen zu können. Adaptivität ist in der Unternehmensführung gefragt, wenn sich die ökonomischen Rahmenbedingungen geändert haben. Es gibt Alternativen zum „Besitzen" und Selbermachen: Zum Beispiel Outsourcing oder investitionsersetzende Finanzierungsmodelle. Sie lagern Arbeiten, die Sie nicht unbedingt selber erledigen müssen, aus. Sie übertragen sie anderen, die sich darauf spezialisiert haben. Auf diese Weise verringern Sie die Wertschöpfungstiefe in Ihrem Unternehmen und profitieren von Spezialisierungsgewinnen. Outsourcing heißt mehr Arbeitsteilung und geht einher mit einer engeren Einbindung in Wertschöpfungsnetzwerke. Bekanntes Beispiel für Outsourcing in der Landwirtschaft ist die Arbeitserledigung durch ein Lohnunternehmen. Ein anderer Weg zum Outsourcing sind überbetriebliche Kooperationen, beispielsweise im Rahmen von Maschinenringen. Als investitionsersetzende Finanzierungsformen kommen auch in der Landwirtschaft vermehrt Miet- oder Leasing-Modelle zum Einsatz. Sie können Flexibilitätsvorteile bringen, wenn die Vertragsgestaltung an die Bedingungen der Landwirtschaft und des einzelnen Unternehmens angepasst sind.

Neue Partnerschaften in vernetzten Wertschöpfungsstrukturen

Die Grenzen verschwimmen zunehmend: Tatsächlich beginnt die landwirtschaftliche Urproduktion bereits auf den Versuchsständen der Landtechnik und in den Labors der Pflanzenschutz-, -ernährungs- und -züchtungsunternehmen. Die landwirtschaftliche Produktion hört auch nicht auf, wenn der Milchtankzug, der Lebendviehtransporter oder der Getreideanhänger zum Hoftor rausgefahren sind. Die Qualität und die Akzeptanz von Land-, Ernährungs- und regenerativer Energiewirtschaft durchziehen alle Ebenen der Wertschöpfung engmaschig. Der große Vorteile darin: Das einzelne Unternehmen kann in jeder Hinsicht freie Entscheidungen darüber treffen, wieweit es Wertschöpfungsprozesse integrieren – also im eigenen Unternehmen stattfinden lassen – will bzw. in welchem Umfang es Wertschöpfungsprozesse auslagern, sprich outsourcen will. Für alle Überlegungen gibt es Lösungen. Es gibt landwirtschaftliche Unternehmen, die Arbeitsprozesse unter Zuhilfenahme von bspw. Lohnunternehmern weitgehend arbeitsteilig organisiert und die Aufgaben im eigenen Unternehmen im Wesentlichen auf die Entscheidungsfindung beschränkt haben. Es gibt andere landwirtschaftliche Unternehmen, die im Gegenteil dazu übergehen, bisher ausgelagerte Verarbeitungsstufen wieder in die einzel- oder überbetrieblich organisierte eigene Wertschöpfung zu integrieren. Direktvermarkter in Öko oder konventionell, Anbieter, die sich konsequent auf Regionalität konzentrieren oder Nischen-Entwickler, die ihrer zahlungsbereiten Kundschaft in Hofladen und Bauernhofcafé mehr als nur einen Anschein von urwüchsiger Erzeugung vermitteln wollen. Voraussetzung, um sich in dieser Vielfalt der Möglichkeiten zur Navigation in einer Welt vernetzter Wertschöpfung sicher bewegen zu können, ist ein Grundverständnis der Wertschöpfungsebenen übergreifenden Anforderungen an Qualität und Arbeitsteilung.

Erfolgsfaktoren Marktkompetenz und Finanzierung

Produktionstechnik „top“ ist gesetzte Mindestbedingung; Qualitätserzeugung ist Zugangsvoraussetzung zum Markt;

Dokumentation und akkurate Buchführung sind gesetzlich weitgehend geregelt. Selbst umweltfreundliches Verhalten wird im Zuge des Greening mit den goldenen Zügeln der staatlichen Zuwendungen gelenkt. Zunehmend treten neben die produktionstechnische Exzellenz die Marktbearbeitung und die Finanzierung als Erfolgsfaktoren in der Landwirtschaft hinzu. Widmen Sie diesen Gestaltungsbereichen die erforderliche Aufmerksamkeit, um sie aktiv gestalten zu können. Behalten Sie die für Sie wichtigen Märkte über die Wertschöpfungsebenen hinweg im Blick. Achten Sie auch – aber eben nicht nur – auf die Preisbewegungen. Schauen Sie nach vorn, in die Zukunft, und leiten Sie daraus ab, was künftig wichtig wird. Welche Anforderungen folgen daraus für Ihre Produktpalette, Ihre Poduktionsverfahren, den Personalbedarf oder die Finanzierungsbedingungen Ihres Unternehmens?

Trends nutzen

Die Logik der vernetzten Wertschöpfung bringt es mit sich, dass Sie nicht nur mit den direkten Auswirkungen von Veränderungen konfrontiert werden. Erkennen Sie auch die indirekten Auswirkungen und ordnen Sie sie richtig ein. Wie sehr Ereignisse am „anderen Ende der Welt" plötzlich sehr unmittelbar auf die Rahmenbedingungen der landwirtschaftlichen Erzeugung wirken können, zeigt das Beispiel Fukushima.[13] In Folge der Havarie eines Atomkraftwerkes kam es 2011 zu einer drastischen Änderung der Energiepolitik in Deutschland. Die Bedeutung der erneuerbaren Energien im Versorgungsmix Deutschlands stieg erneut deutlich an. Damit verschärfte sich die Nutzungskonkurrenz, die auf die landwirtschaftlich nutzbaren Flächen wirkt, drastisch. Anbauprogramme, Fruchtfolgen und Investitionsrahmenbindungen verschieben sich.

13 Infolge eines Tsunami kam es in bis dahin als sicher geltenden Reaktorblöcken des Kernkraftwerks Fukushima zur Kernschmelze. Daraufhin stellte sich weltweit die Frage nach einer Neubewertung der mit der Atomkraftnutzung verbundenen Risiken. In Deutschland kam es daraufhin zu einem mittelfristigen Ausstieg aus dieser Technologie und zu einer Hinwendung zu den Erneuerbaren Energien. Diese Beschlusslage führte zu erheblichen Gewinnreduzierungen und drastischen Strategieänderungen bei den Energieversorgungsunternehmen. Erneuerbare Energien gelten als Gewinner dieses gesellschaftlich-politischen Kurswechsels.

4 Beziehungen gestalten

In einer hochgradig vernetzten Wirtschaftswelt gehört die Fähigkeit Beziehungen aufbauen, pflegen und weiterentwickeln zu können zu den wichtigsten Voraussetzungen um zu den Besten zu gehören. Aus der Vernetzung folgt, dass die Interessenlagen der Beteiligten auf vielfältige Weise miteinander verflochten sind, sich überlagern und auch gegenseitig ausschließen können. Sie benötigen also eine Sensibilität dafür, in welche Richtung und in welchem Ausmaß Interessen anderer von den eigenen Entscheidungen und Maßnahmen betroffen sind. Ein Gespür für die Notwendigkeit und die Möglichkeiten Interessenlagen zu verstehen ist Voraussetzung um Situationen beiderseitigen Vorteils, Win-Win-Situationen, schaffen oder unterstützen zu können. Die Gestaltung der Beziehungsebene zu Ihren Partnern ist – getragen von Vertrauen, Verlässlichkeit und Verantwortungsbewusstsein – für die Nachhaltigkeit der Verbindungen ebenso wichtig wie kurzfristig vorteilhafte, auf den jeweils eigenen Vorteil fokussierte Geschäftsabschlüsse.

Beziehungen nach innen

Die – wahrscheinlich – wichtigsten Partner des Unternehmens finden sich zunächst im Unternehmen selbst, im privaten Umfeld des Unternehmers. Es ist keine Selbstverständlichkeit, dass die Interessen des Unternehmens gleich gelagert sind mit denen des Unternehmers oder gar mit denen der Unternehmerfamilie. Die möglichen Konfliktfelder beginnen bei der täglichen Zeit, um welche die Familie mit dem Unternehmen in Dauerkonkurrenz steht. Fragen der Prioritäten bezüglich Gewinn- bzw. Privatentnahmen bieten Stoff für Auseinandersetzungen. Das Thema langfristige Unternehmensnachfolge schwelt gelegentlich als Generationenkonflikt ausgesprochen oder auch unausgesprochen in Familienunternehmen; manchmal auch dann noch, wenn die Hofübergabe formal längst vollzogen ist.

Geld ist nicht alles

Die Mitarbeiterinnen und Mitarbeiter sind die zweite Gruppe derjenigen, die unmittelbar im Unternehmen tätig sind und besondere Erwartungen an die Qualität ihrer Verbundenheit mit dem Unternehmen richten. Motivation und Engagement sind die Leistungsvoraussetzungen, die im Verhältnis mit den Mitarbeiterinnen und Mitarbeitern jeden Tag wieder zu mobilisieren sind. Personalführung ist eine Führungsaufgabe, von deren Qualität die Leistungsfähigkeit wachsender Unternehmen unmittelbar profitiert. Dabei spielen die Führungskultur, eine Atmosphäre von Fairness und Gerechtigkeit sowie der wertschätzende Umgang miteinander eine mindestens ebenso große Rolle wie die Motivation mithilfe der Vergütung in Euro.

Beziehungen nach außen

Angesichts der engen und enger werdenden Einbindungen in Wertschöpfungsnetzwerke kommt den Beziehungen zu den Marktpartnern existenzielle Bedeutung zu. Die Möglichkeiten zu produzieren hängen maßgeblich davon ab, was die Kunden wollen und was die Lieferanten können. Das klingt fast zu banal, erweist sich aber bei näherem Hinsehen als große Chance für qualitative Weiterentwicklung und quantitatives Wachstum. Wer den Zugang zu seinen Märkten kennt sowie Marketing und Beziehungspflege versteht, kann möglicherweise mehr vermarkten als nur die Mengen, die durch die eigenen Produktionskapazitäten begrenzt wären.

Was die Kunden wollen – und was die Lieferanten können

Vertrauensvolle, verlässliche Beziehungen zu den Marktpartnern bieten die Chance, Wissen und Können statt „nur" selbsterzeugten Weizen und Milch zu vermarkten. Es gibt z. B. bedeutende Hofläden, deren Ursprung in der Vermarktung von Eigenerzeugnissen lag. Das Vertrauen der Kundschaft und deren Wunsch, auch andere „bäuerlich-selbsterzeugte“ Lebensmittel vor Ort einkaufen zu können, macht aus Landwirten Kaufleute. Aber auch die Unternehmer, die „bei ihren Leisten bleiben“, profitieren von guten Beziehungen zu ihren Marktpartnern in Beschaffung und Absatz. Sorgen Sie auch durch Beziehungspflege für die Nicht-Austauschbarkeit Ihres Angebots auf dem Markt. Sei es als Differenzierer, sei es als Kostenführer. Es ist klug, die Bedürfnisse des Absatzmarktes in den Vordergrund der Beziehungspflege zu stellen. „Gut produzieren“ können andere auch – „gut verkaufen können“ macht den Unterschied aus. Ebenso richtig ist, diese Überlegungen vom Absatzmarkt her über den eigenen Betrieb hinaus weiter in die Zulieferstrukturen fortzusetzen. Die Möglichkeiten Ihrer Lieferanten wirken sich aus auf Ihre Möglichkeiten neue Qualitäts- oder neue Kostenvorteile zu entwickeln.

Vertrauen ist die Basis – sonst tauschen Sie lieber den Dienstleister

Zu den Lieferanten zählen auch die Dienstleister. Lohnunternehmer, Tierarzt und Berater. Sie begegnen Ihnen häufig in einer Doppelrolle. Einerseits sitzen sie als Lieferanten „auf der anderen Seite des Tisches“; dann nämlich, wenn es um Leistungsumfang, Qualitätsniveau und Preisvorstellungen geht. Gelegentlich sitzen Sie aber auch auf Ihrer Seite des Tisches: Dann, wenn es um die mit der Dienstleistung angestrebten Ziele geht. Der Lohnunternehmer will wie Sie die Ernte zügig unter Dach und Fach bringen. Dem Berater ist wie Ihnen daran gelegen, Ihr Unternehmen ertragreich und profitabel zu machen. Diese Rollenwechsel verlangen ein besonderes Vertrauen in der Zusammenarbeit. Damit die Dienstleister Ihre Aufgaben erledigen können, brauchen sie Informationen, auch und gerade vertrauliche Informationen. Sie müssen sicher sein, dass diese Informationen nicht in falsche Hände geraten – und Sie müssen sicher sein, dass die Informationen nicht bei Gelegenheit gegen Sie verwendet werden. Wenn das nötige Vertrauen in den Dienstleister fehlt, dass er verlässlich Ihre Interessen wahrnimmt und verantwortungsbewusst mit anvertrauten Informationen umgeht: Ändern Sie das. Tauschen Sie die Atmosphäre aus – oder den Dienstleister!

Eine ähnliche Beziehung wie zu Ihren Dienstleistern

unterhalten Sie zu Ihrer Hausbank und anderen Finanzierungspartnern. Auf der einen Seite verhandeln Sie hart und kontrovers über Konditionen. Auf der anderen Seite ziehen Sie die Vorhänge weit zurück und geben den Blick frei auf die für die Finanzierung wesentlichen intimen Informationen aus Ihrem Unternehmen und ggf. sogar aus Ihrem privaten Umfeld. Wissen ist Macht – gerade in Verhandlungen. Wenn Ihr Bankier Ihnen nicht über den Weg traut, wenn Sie Ihrem Bankier nicht zutrauen, mit sensiblen Informationen jederzeit fair umzugehen: Ändern Sie das. Tun Sie es rechtzeitig, denn ein Wechsel ist immer gerade dann am schwierigsten, wenn er am dringlichsten stattfinden müsste.

Risiko-Treiber in der Nachbarschaft

Von wieder eigener Qualität sind die Beziehungen zu Nachbarn und Berufskollegen. Hierzu zählt auch ehrenamtliches Engagement für den Berufsstand oder die Kommune. Gestalten und pflegen Sie gutnachbarliche und kollegial-vernünftige Vernetzungen. Man sieht sich immer (mindestens!) zweimal im Leben, den Nachbarn sicher öfter. Denken Sie daran: Nichts schweißt mehr zusammen als Not. Im Umkehrschluss bedeutet diese Weisheit: Wenn es zu gut läuft, droht Streit aus Langeweile – oder zumindest wegen Nickeligkeiten. Dabei muss es nicht immer gleich der große Streit sein. Auch kleine Nadelstiche können sehr schmerzen und hässliche blaue Flecken hinterlassen: Z. B. Beschränkungen der Durchfahrt oder Einsprüche bei geplanten Investitionen. Gerade in diesem Bereich liegen zunehmende Risiken für die Landwirtschaft. Drei Treiber beschleunigen diesen Trend: Der Anteil der Landwirte an der Bevölkerung nimmt ab, damit verlieren immer mehr Menschen den unmittelbaren, familiären Bezug zur Landwirtschaft, ihren Leistungen und Erfordernissen. Der zweite Treiber liegt darin, dass das Planungsrecht in der Tendenz verschärft wird, sei es durch Auflagen oder neue baurechtliche Hürden für Investitionen in Beton und Backstein. Der dritte Treiber liegt im allgemeinen Trend zur freien, nicht-institutionellen Organisation bürgerlicher Gegenwehr. Rasch bildet sich eine Bürgerinitiative – nicht gegen den Maststall sondern für saubere Luft und unverbaute Landschaft: Wer möchte da dagegen sein? Für Sie als Unternehmer und Ihre Branche liegen gerade in diesem Bereich der Kommunikation Aufgaben von größter Bedeutung zur Erhaltung Ihrer Handlungsfähigkeit.

Beziehungsarbeit nach außen

Bei den „Außenbeziehungen“ gibt es einen gravierenden Unterschied zu den Belangen innerhalb des Unternehmens. Im Unternehmen ist der Chef verantwortlich für alles. Von ihm und seinen Entscheidungen hängen Unternehmenserfolg und -entwicklung ab. Gegenüber den Partnern im Unternehmensumfeld kommt es hingegen sehr viel stärker darauf an, bei den Abwägungen über die eigenen Entscheidungen auch die Entscheidungen der Anderen zu berücksichtigen. Denn die sind gleichfalls autonom und dürften ihrerseits zunächst ihren eigenen Interessen folgen. Beachten Sie daher: Wenn die Partner in Ihrem Unternehmensumfeld vernünftig entscheiden, gehen sie systematisch vor. Zunächst überlegen sie, welche Entscheidungen deren eigenen Anliegen bestmöglich entsprechen. Dann wägen sie ab, inwieweit diese mit den Interessen Ihres Unternehmens zusammen passen. Treffen Sie ihre Entscheidung so, dass sie zusammen mit den Entscheidungen Ihrer Partner zum bestmöglichen Ergebnis führen. Beispiel: Sie wollen Betriebsmittel günstig einkaufen. Der Landhändler will viel verkaufen und pünktliche Bezahlung. Sie bündeln Ihre Nachfrage, handeln so einen Rabatt heraus, und zahlen zügig – mit Skonto. Wenn Sie es genauso handhaben, könnte es eigentlich ganz einfach sein – ist es häufig aber nicht. Oft kommt es auf Strategie, Taktik und Geschicklichkeit an.

4.1 Klug verhandeln – und geschickt

Die einfache Form, Beziehungen des Unternehmens nach außen zu gestalten sind vertragliche Regelungen. Die müssen nicht notwendig schriftlich formuliert werden – aber sie sind Grundlage für rechtswirksame Geschäfte und Vereinbarungen. Vereinbarungen gehen üblicherweise aus Verhandlungen hervor. Eine auf Freiwilligkeit beruhende Verhandlung voneinander unabhängiger Verhandlungspartner kann dann zu einem tragfähigen Ergebnis führen, wenn alle beteiligten Seiten ihre Interessen angemessen zur Geltung gebracht sehen. Wer seine Interessen durchsetzen will, ist gefordert, gut vorbereitet und mit einem schlüssigen Konzept in Verhandlungen zu gehen. Klugheit allein aber reicht nicht. Tatsächlich hängt viel vom Verhandlungsgeschick ab.

Das Ziel im Blick: Strategische Verhandlungsführung

Verhandlungserfolg hat eine strategische und eine taktische Komponente. Strategische Verhandlungsführung ist konsequent zielorientiert. Vier Maßgaben helfen, Verhandlungen so zu führen, dass Ihre Strategie zum Erfolg führen kann.[1]

- Behandeln Sie Menschen und Probleme getrennt voneinander. So können Sie sachliche Lösungen finden, die (auch) zu Lasten des Verhandlungspartners gehen, ohne ihn jedoch persönlich herabzusetzen. Unterschätzen Sie die Rolle der Beziehungsebene zum Verhandlungserfolg nicht. Es ist ein Unterschied, ob Sie Ihrem Verhandlungspartner zu verstehen geben, dass Sie einen Anteil von mehr als 50 % am Erfolg für sachlich nicht gerechtfertigt halten, oder ob Sie den Eindruck vermitteln, Sie hielten ihn für gierig.
- Konzentrieren Sie sich auf Interessen, nicht auf Positionen. Dadurch eröffnen Sie sich und auch Ihrem Gegenüber Optionen, Ziele auf alternativen Wegen zu erreichen, Interessen auf anderen Spielfeldern ausgleichen zu können. Positionen sind oft schwieriger zu verändern als Interessenlagen. Überreden Sie den Traktorhändler, Ihnen das Vorführmodell unverschämt günstig zu verkaufen, nicht damit, dass Sie schon seit Generationen bei ihm kaufen (Position „Stammkunde"), sondern überzeugen Sie ihn davon, dass die vielen Einsatzstunden auf Ihrem an der Durchfahrtstraße gelegenen Betrieb sein Interesse an der öffentlichen Wahrnehmung seiner Marke bedienen.
- Entwickeln Sie Entscheidungsmöglichkeiten zum beiderseitigen Vorteil. Das Zauberwort lautet: Win-Win-Optionen. Sie können so reine Verteilsituationen in Zugewinnsituationen erweitern. Dabei kommt es darauf an, einen Mehrwert zu finden, den sowohl Sie als auch Ihr Verhandlungspartner als solchen verstehen und diesen dann zwischen Ihnen aufzuteilen. Wenn Sie mit Ihrem Lohnunternehmer für die kommende Getreideernte über den

1 Fisher, R., W. Ury u. B. Patton: Das Harvard-Konzept. Frankfurt/M. 2009. S. 41

Stundensatz für die Mähdruschpreise verhandeln, haben Sie eine Verteilsituation: Dauert es länger, wächst die Rechnung des Lohnunternehmers und Sie müssen zahlen. Was er mehr bekommt, haben Sie weniger. Vereinbaren Sie hingegen einen Hektarpreis, so hat der Lohnunternehmer ein gesundes Interesse alles dafür zu tun, dass es schnellstmöglich geht.[2] Ein zügiges Erntegeschehen liegt auch in Ihrem Interesse.
- Wenden Sie neutrale Entscheidungskriterien an. Durch die Verständigung auf Kriterien fördern Sie die Kreativität in der Entscheidungs- und Kompromissfindung. Wollen Sie einen Traktor kaufen – oder brauchen Sie nicht vielmehr eine Lösung um den Acker zu bestellen, das Grünland zu bewirtschaften und Ihre Logistik zu organisieren. Wenn Sie einen Traktor brauchen, zwingt Sie das in Verhandlungen mit dem Traktorhändler. Wenn Sie eine Lösung suchen, die den drei Kriterien Acker-, Grünland- und Logistik-Jobs erfüllen gerecht wird, gibt es Alternativen: Z. B. Kooperationen mit Nachbarn, Lohnunternehmer oder Maschinenring.

Eine durchsetzungsfähige Strategie ist das Ergebnis gründlicher Vorbereitung. Sie braucht Klarheit über die eigenen Interessen und Ziele sowie Informationen über Interessen, Ziele und Schmerzgrenzen der Verhandlungspartner

Der Strategie zum Erfolg verhelfen: Die Rolle der Verhandlungstaktik

Es ist wie beim Fußball: Ohne Strategie geht es nicht, aber sie alleine reicht nicht immer. Manchmal ist erst die richtige Taktik spielentscheidend. Während die Strategie darin bestehen kann, beherzten Angriffsfußball zu spielen und immer zwei Tore in Führung liegen zu wollen, kann es taktisch klug sein, zwischendrin auch mal eine brenzlige Spielsituation durch eine Ballrückgabe zum Torwart zu bereinigen. Das ist eine richtige Maßnahme, obwohl sie mit der

2 Vergessen Sie in diesem Beispiel nicht, vorher die Qualitätsanforderungen zu vereinbaren, damit Geschwindigkeit nicht zu Lasten der Gründlichkeit geht.

Strategie „attraktiver Offensivfußball" rein gar nichts zu tun hat.

Den roten Faden im Blick behalten

Für Verhandlungen gilt das auch. Taktische Züge beziehen sich auf Teilaspekte, auf Verhandlungsabschnitte. Sie können scheinbar ohne Bezug zur Gesamtstrategie stattfinden. Sie können ihr sogar vorübergehend zuwider laufen. Verhandlungstaktik ist ein sehr weites Gestaltungsfeld. Gegenstand taktischer Überlegungen können die Wahl von Verhandlungsort und -zeit, der Aufbau der Tagesordnung, die Auswahl des Teilnehmerkreises, die Anzahl ins Gespräch gebrachter Alternativen, rhetorische Finessen und anderes mehr sein. Für Sie und Ihre Verhandlungsstrategie ist wichtig, Ihren roten Faden im Blick zu behalten sowie taktische Manöver der Verhandlungspartner zu erkennen und angemessen mit ihnen umzugehen.

Sie treffen auf Profis: Bereiten Sie sich professionell darauf vor!

Die Möglichkeiten in Verhandlungen eine Strategie ohne ausgefeilte Taktik zum Erfolg zu führen, hängt von den Spielräumen ab, die seitens der Verhandlungspartner eröffnet werden. Legen Sie vorher Ihre Maßstäbe fest, dann können Sie im Verlauf der Verhandlung jederzeit prüfen, ob sie in den richtigen Bahnen und in die richtige Richtung verläuft. Ohne Ihr eigenes Orientierungssystem wird es schwieriger strategisch vorzugehen und die Strategien und die Taktik des Verhandlungspartners zu verstehen – mit der Chance, angemessen darauf reagieren zu können. Unvorbereitet auf erfahrene Verhandler zu treffen, die das wechselweise Zusammenspiel von Strategie und Taktik verstehen, wird zu einer Auseinandersetzung ungleich „Bewaffneter". Zum Handwerk von Händlern und Bankiers gehört Verhandeln. Gehen Sie davon aus, dass Sie bei Verhandlungen, in denen es um Wichtiges geht, auf Profis treffen. Bereiten Sie sich strategisch und taktisch darauf vor, deren Strategie zu verstehen, ihre taktischen Manöver zu durchschauen und Ihre eigenen Interessen zur Geltung bringen zu können.

4.2 Gemeinsame Sichtweisen herstellen: Das Beispiel Rating

Die wachsende Vielfalt und Dichte der Außenbeziehungen eines Unternehmens, seine Zugänge zu Märkten und seine Einbindung in Wertschöpfungsnetzwerke sind in verschiedenen Bereichen der Unternehmensführung erkennbar. Besonders augenfällig ist das in der Beziehung zur Hausbank. Sie ist ein wichtiger Partner für wachsende Unternehmen: Wenn Investitionen zu finanzieren sind und wenn die langfristige Unternehmensfinanzierung zu gestalten ist. Dabei haben Unternehmen und Bank in weiten Teilen ein gleichgerichtetes Interesse. Das Verfahren, mit dem die Hausbank sich systematisch einen umfassenden Einblick in das Unternehmen, seine Leistungsfähigkeit und Vertrauenswürdigkeit verschafft, heißt Rating. Es eignet sich daher gut als Beispiel dafür, wie Sie die Außenbeziehungen Ihres Unternehmens aktiv mitgestalten können.

Vertrauen: Worauf es beim Rating ankommt

Mithilfe des Rating analysieren Kreditgeber die Voraussetzungen Darlehen vergeben zu können. Dazu durchleuchtet die Bank den Kreditnehmer und seine Finanzierungsstrukturen umfassend und systematisch auf Kreditrisiken hin. Das Ziel ist Klarheit über das Kreditausfallrisiko. Das Ausfallrisiko ist das Maß für die Wahrscheinlichkeit, dass ein Kredit nicht – oder nicht vollständig – bedient wird, mit Zins, Tilgung und Gebühren. Rating entspricht der Prüfung eines Kreditnehmers auf seine Bonität, seine Kreditwürdigkeit hin. Im Kern geht es um drei Punkte: Die Leistungsfähigkeit, die persönliche Vertrauenswürdigkeit und die Sicherheiten-Lage. Das Rating-Ergebnis ist Grundlage für Finanzierungsvorhaben zwischen Kreditgeber und Kreditnehmer. Ein aussagefähiges Rating-Ergebnis liegt also in beiderseitigem Interesse. Ein konstruktiv absolviertes Rating-Verfahren ebenso.

Leistungsfähigkeit: Kann der Kreditnehmer den Kapitaldienst leisten?

Üblicherweise richtet eine Finanzierung den Kapitaldienst, d. h. Zins, Tilgung und Gebühren, an den Erträgen der finanzierten Investition aus. Annahmen zu den Erträgen fließen in die Planungen ein. Risiken, die den Ertrag gefährden könnten, sind zu berücksichtigen. Der Kreditnehmer, der seine Stärken und Schwächen, seine Chancen und Risiken kennt, ist in der Lage, mit seiner Hausbank den erwarteten Ertrag auch mit einem Risiko-Abschlag zu diskutieren. Je besser der Kreditnehmer nachweisen kann, dass er seine erwarteten Erträge, die Chancen und die Risiken abschätzen kann, desto besser lässt sich ein realistischer Kapitaldienst ermitteln – und desto geringer wird die Wahrscheinlichkeit, dass unerwartete Störfaktoren den Kapitaldienst gefährden: Die Ausfallwahrscheinlichkeit sinkt, das Rating-Ergebnis verbessert sich. Sie sehen: Es geht nicht darum, Risiken zu verleugnen, es geht darum, richtig mit ihnen umzugehen. Die Beurteilung der Leistungsfähigkeit betrachtet also die zu finanzierenden Vorhaben unter Rentabilitäts- und Liquiditätsgesichtspunkten: Wirft es genug ab – und kommen die Zahlungsströme rechtzeitig?

Zuverlässigkeit: Wird der Kreditnehmer seinen Kapitaldienst pünktlich und vollständig leisten?

Während es bei der Leistungsfähigkeit auf Ertragskraft und Liquiditätseffekte des Investitionsvorhabens ankommt, stellt die Beurteilung der Zuverlässigkeit den Kreditnehmer in den Mittelpunkt. Die Währung zwischen Kreditgeber und Kreditnehmer besteht also vielmehr aus den V-Wörtern als aus Euro. Vertrauenswürdigkeit, Verlässlichkeit und Verantwortungsbewusstsein der Unternehmerpersönlichkeit stehen auf dem Prüfstand. Der Beitrag des Unternehmers zu einer V-wörtergeprägten Atmosphäre der Zusammenarbeit mit der Hausbank liegt darin, eine Perspektive für das Unternehmen formulieren zu können, zu wissen, wie die Ziele erreicht werden sollen und eine gesunde Mischung aus unternehmerischem Mut mit Risiko-Augenmaß. Verlässlichkeit und Verantwortungsbewusstsein erkennt die Hausbank bereits in der Kontoführung und im Informationsaustausch.

Sicherheitenlage: Vorsorge für den Fall der Fälle

Leistungsfähigkeit und Zuverlässigkeit sind Voraussetzungen, nicht jedoch ausreichend für ein Kreditgeschäft und ein Rating-Ergebnis, das eine Kreditvergabe zu tragbaren Bedingungen ermöglicht. Weil nicht alle unternehmerischen Risiken beherrschbar und Fehlinvestitionen nie auszuschließen sind, lässt sich eine Störung des Kapitaldienstes nie ganz ausschließen. Ein Restrisiko, hier Kreditausfallwahrscheinlichkeit, bleibt. Für diesen Fall sind dem Darlehen Sicherheiten zugrunde zu legen. Am besten in einem

Umfang, der selbst im ungünstigsten Fall ausreichen würde, die Ansprüche der Bank vollständig zu befriedigen. Je besser geführt ein Unternehmen ist, desto höhere Akzeptanz genießen Sicherheiten.

Rating bezieht ausdrücklich die Unternehmensführung und den Unternehmer in die Betrachtung der Kreditwürdigkeit ein. Damit haben sich in den vergangen Jahren die Gewichte verschoben: Von einer eher an Sicherheiten orientierten hin zu einer stärker vorhaben- und persönlichkeitsbezogenen Kreditvergabe. Nicht mehr nur die Qualität der Sicherheiten, sondern auch die Qualität der Unternehmensführung wird ausdrücklich und systematisch in die Bewertung von Finanzierungsvorhaben einbezogen. Kurz gesagt: Gute Unternehmensführung wird belohnt. Das ist eine Chance für Unternehmerlandwirte. Und es führt dazu, dass Sie im eigenen Interesse konstruktiv zum Rating beitragen können.

Um die Mitwirkungsmöglichkeiten zu verstehen, ist die Kenntnis einiger Grundzüge des Verfahrens wichtig. Informationen aus Ihrem Unternehmen, die sich auf unterschiedliche Aspekte des Management beziehen, werden über einen Zeitraum von drei oder mehr Jahren rückwirkend ausgewertet. Unternehmerische Qualitäten und Planungen werden erfasst und berücksichtigt. Die aus Ihrem Unternehmen erhobenen Daten werden mit Branchenkennwerten abgeglichen. Aus diesem Zahlenwerk ergibt sich eine Gesamtbeurteilung. Der Vergleich mit der Branche heißt auf Deutsch: Gute Unternehmen schneiden besser ab.
Der Appell für den Unternehmerlandwirt: Zeige Deinem Bankier, dass Du das Unternehmen im Griff hast und dass Du mit den Guten und Besten der Branche mithalten kannst.

Möglichkeiten, das Rating der Hausbank zu unterstützen

Arbeiten Sie aktiv mit und helfen Sie so Missverständnisse zu vermeiden. Sorgen Sie für eine gemeinsame Sichtweise mit dem Bankier. Besonders dann, wenn er nicht unmittelbar Agrarspezialist ist. Lassen Sie ihn Ihren Betrieb so wahrzunehmen, wie Sie es möchten. Organisieren Sie ein Heimspiel. Laden Sie ihn zu sich auf den Betrieb ein. Zeigen Sie

Tab. 3.1 Ausgewählte Prüfkriterien im Rating

Prüfbereich	Kernfrage	Beispielskriterien	Beurteilung nach z. B.:
Geschäftsmodell	Womit verdient das Unternehmen Geld?	Leistungsspektrum	Produktpalette
		Kunden + Kundenbindung	Marktübersicht(en)
		Wettbewerb + Wettbewerber	Wettbewerbsanalysen
		Markt-/Branchenentwicklung	Wachstum, Stagnation
		Konjunkturabhängigkeit	Stabil, schwankend
		...	
Management	Wie ist das Unternehmen geführt?	Unternehmensführung	Unternehmerperson
		Management	Erfolgsnachweise
		Zukunftsausrichtung	Planung
		Unternehmenssteuerung	Ziele, Zielverfolgung
		Kontrolle	Controlling-Konzeption
		...	
Finanzen	Wie sehen Finanzierung und Finanzzahlen aus?	Rentabilität	Gewinn, Umsatz, Kapital
		Liquidität	Cashflow
		Kapitalstruktur	Eigen-/Fremdkapitalanteil
		Bankbeziehungen	Kontoführung, Info-Fluss
		Buchführung	Zeitnähe, Offene Posten
		...	
Prozesse	Wie funktionieren die Arbeitsläufe?	Abläufe	Verfahrensproduktivität
		Leistungsstandards	Ertragsniveaus
		Wertschöpfungstiefe	Spezialisierung
		Mechanisierung	Technik, Produktivität
		Innovationen	Neuerungen im Betrieb
		...	
Mitarbeiter	Wodurch zeichnen sich die Arbeitskräfte aus?	Mitarbeiterstruktur	Anzahl, Alter, Fluktuation
		Langfristperspektive	Nachfolgeregelungen
		Qualifikationen	Aus- und Weiterbildung
		Erfahrungen	Bisheriges Berufsleben
		Kompetenz	Besondere Fertigkeiten
		...	

Anmerkung:
Ausführliche Rating-Verfahren nehmen üblicherweise mehr als 100 Kriterien unter die Lupe

ihm beispielsweise, dass Sie ein Controlling-Konzept haben, anhand dessen Sie erkennen können, ob Ihr Unternehmen auf Kurs ist. Diskutieren Sie mit ihm über Benchmarks, die für Ihren Betrieb wichtig sind. Lassen Sie ihn wissen, wenn Sie in den Auswertungen des Spezialberatungsrings zum besten Viertel gehören. Geben Sie Ihrem Banker vollständig und pünktlich die Informationen, von denen Sie möchten, dass er sie berücksichtigt.

Nehmen Sie es genau, aber nicht zu genau

Zeigen Sie Augenmaß im Umgang mit Zahlen und Prognosen. Verhaspeln Sie sich nicht bei der Vorausschau auf die Marktentwicklung, die Entwicklung von Produktion und Produktivität oder den künftigen Verlauf der Liquidität im Gestrüpp der Nachkommastellen. Planung ist wichtig, ein hervorragendes Zeichen exzellenter Unternehmensführung und funktionierenden Controllings. Aber Planung muss auch mit Unsicherheit und Anpassungsbedarf umgehen, darf sich nicht im Kleinklein verlieren. Zeigen Sie, dass Sie als Unternehmer den Blick für's Wesentliche haben!

Blicken Sie nach vorn

Die Vergangenheit Ihres Unternehmens schlägt sich in den Jahresabschlüssen nieder. Die gehen in das Rating mit großem Gewicht ein. Decken Sie ggf. vorhandenen Erklärungsbedarf. Aber nutzen Sie das Rating, um über die Zukunft zu sprechen. Letztlich geht es ja beim Rating um einen Blick in die Zukunft und den künftigen Kapitaldienst. Nutzen Sie die Zukunftsbeschreibung für den Beweis, dass bei Ihnen beides gegeben ist: Die Fähigkeit den Kapitaldienst zu leisten – und natürlich die Zuverlässigkeit, das dann auch zu tun. Holen Sie die Zukunft in die Gegenwart!

Kommen Sie auf den Punkt

Kalkulieren Sie mit der Ungeduld der Zeit. Wenn Sie etwas Wichtiges mitzuteilen haben, fassen Sie sich kurz. Denken Sie daran, dass sich das Informationsverhalten auf immer kürzere Nachrichten einspielt. Die Medien machen es vor, die Realität zieht nach. Kurz, knackig – und richtig! Das ist die Leitlinie für Informationen. Wer knapp und präzise, dabei korrekt und ohne Wesentliches auszulassen informieren kann, zeigt, das er versteht was er tut.

Fair play schafft Vertrauen

Der gläserne Landwirt ist keine Utopie oder fernes Zukunftsszenario. Es ist heute in vielen Bereichen Realität. Das gilt für Angaben in Anträgen und Auskunftsbögen, für Satellitenbilder und Internetforen. Vertrauen basiert auf

Glaubwürdigkeit. Mit falschen Angaben verspielt man dieses Grundkapital der Geschäftsbeziehung. Und nie war es leichter als heute, „kleinen Lügen" auf die Schliche zu kommen. Spielen Sie nicht mit gänzlich offenen, aber auf gar keinen Fall mit falschen Karten!

Spielen Sie auf dem richtigen Spielfeld.

Die Interessen von Bank und Unternehmen sind in weiten Teilen gleichgerichtet. Spielen Sie daher nicht Verstecken mit Ihrem Kreditsachbearbeiter. Sie wollen etwas bewegen und brauchen dazu Kapital, die Bank will Darlehen vergeben – und dabei wissen, wem sie es gibt und wofür sie es tut. Erarbeiten Sie zusammen mit der Bank durch das Rating eine stabile Grundlage, auf der das Kreditgeschäft eine angemessene Risikoeinschätzung erfährt. Das nützt der Bank und es nützt Ihnen. So schaffen Sie gemeinsam eine Win-Win-Situation.

Zwingen Sie den Banker nicht zu spekulieren

Formulieren Sie klar und deutlich, was Sie vorhaben und was Sie zu bieten haben. Zwingen Sie den Banker nicht, darüber zu spekulieren, was sich in Wirklichkeit hinter Ihren Plänen verbergen könnte. Vermeiden Sie darüber hinaus den Eindruck, Sie verstünden selber nicht so ganz genau, worum es Ihnen geht. Klare Ansagen schaffen Vertrauen und stärken Ihre Position. Spekulieren Sie nicht darauf, dass der Banker von selber merkt, wenn sich etwas Gravierendes in Ihrem Betrieb tut. Warten Sie nicht, dass er anruft, weil der Kontostand aus dem Ruder läuft. Ducken Sie sich nicht weg, wenn der Dispo-Rahmen überzogen wird. Informieren Sie ihn frühzeitig über bevorstehende Engpässe und unerwartete Schwierigkeiten, die das Zusammenwirken mit der Hausbank betreffen. Setzen Sie ihn aber auch über wichtige Erfolge in Kenntnis. Halten Sie den Banker auf dem Laufenden, in guten wie in schlechten Zeiten. Geben Sie rechtzeitig einen Hinweis, wenn die Liquidität strapaziert wird – und stellen Sie dar, wie Sie Abhilfe schaffen können. Häufig ist das Problem nicht vorrangig die Überziehung, sondern die Ungewissheit, wie sie aus Finanzierungssicht einzuordnen ist. Ungewissheit beeinträchtigt Vertrauen, es belastet Ihr Rating.

Auch der Bankier weiß, dass im Unternehmerleben nichts gänzlich ohne Risiko ist. Gehen Sie also offen mit den wichtigsten Risiken Ihres Vorhabens um. Wer nicht in der Lage ist, die Risiken seines Geschäfts zu benennen und am besten auch zu beziffern, vermittelt den Eindruck, er kenne sie nicht. Wer einen Partner sucht, der das Geschäft und das Vorhaben finanziell begleitet, muss VORHER Vertrauen schaffen. Zeigen Sie die Risiken aktiv selber auf – und legen Sie Ihre Strategien dar, wie Sie mit diesen Risiken umzugehen gedenken. Wie jedes gute Geschäft ist auch die Darlehensvergabe eine Sache zwischen gleichberechtigten Partnern. Sie sollten auf gleicher Augenhöhe miteinander verhandeln. Weder Unterwürfigkeit noch Hochmut wären Haltungen, die eine vertrauensvolle Atmosphäre zwischen Bank und Unternehmen fördern. Ein Kreditgeber muss ein Interesse daran haben, mit selbstbewussten Kreditnehmern zu tun zu haben. Das ist Voraussetzung dafür, die Interessen des eigenen Unternehmens zielorientiert zu verfolgen; durchaus höflich im Umgang, aber in der Sache konsequent.

Rating als Chance

Rating richtig verstanden schafft die Basis für ein gesundes Verhältnis von Kreditgeber und Kreditnehmer. Gehen Sie unternehmerisch-aktiv mit dem Thema um. Zeigen Sie Interesse für das Ergebnis, laden Sie Ihren Banker zur Diskussion darüber ein, wie Sie Ihre Rating-Note kurz- und mittelfristig verbessern können. Verstehen Sie Rating als

- Aufgabe, Ihr Unternehmen zu „erklären". Machen Sie Ihrer Bank klar, warum Ihr Unternehmen eine erfolgreiche Zukunft hat und das Geld der Bank bei Ihnen in guten Händen ist.
- Herausforderung, sich als zuverlässiger, risikobewusster Partner der Bank zu positionieren.
- Anlass, Unternehmensführung und -entwicklung auch im eigenen Interesse auf den Prüfstand zu stellen.
- Chance, Ihre Unternehmensentwicklung aus einer „Außenperspektive" beurteilen zu lassen.
- Prozess, in dessen Verlauf Sie eine positive Entwicklung der Rating-Ergebnisse als Kompliment für Ihren Weg in die richtige Richtung auffassen können.

Übung: Rating optimieren

Schritt 1: Besorgen Sie sich von Ihrer Hausbank Ihr Rating. Nicht nur als Note, sondern in ausführlicher Form. Nicht jede Bank stellt dem Kreditnehmer alle Informationen zur Verfügung, aber für wichtige Kriterien sollten die Einzelbewertungen verfügbar sein.
Schritt 2: Gehen Sie Kriterium für Kriterium durch die Unterlagen und ermitteln Sie, warum die Beurteilung der Hausbank so ausgefallen ist wie sie ausgefallen ist.
Schritt 3: Prüfen Sie anhang Ihres „Unternehmenshauses" ob bei der Beurteilung tatsächlich alle Ihnen wichtigen Informationen eingeflossen sind. Falls ja: Arbeiten Sie an Ihren Schwächen und dem Risikomanagement. Falls nein: Rücken Sie es bei der Hausbank gerade!
Schritt 4: Prüfen Sie, ob nicht gerade jetzt ein guter Zeitpunkt wäre, mit der Hausbank darüber zu sprechen, was Sie tun können, um die Rating-Note nachhaltig zu verbessern.

4.3 Kooperation: Erfolg durch kluge Vernetzung

Zusammenarbeit leistet, was im Alleingang nicht möglich scheint. Dieses Motiv ist die stärkste Triebfeder Kooperationen anzustreben, einzugehen und aufzubauen. Die eigenen Stärken zusammen mit den Stärken guter Partner in den Dienst des gemeinsamen Erfolges stellen. Dabei eigene Schwächen und die des Partners abbauen oder ausgleichen, Chancen gemeinsam zu erschließen und Risiken gemeinsam in den Griff zu bekommen. Diese Kurzformel ist die allgemeine Grundlage für Kooperationen. Sie zum Erfolg zu führen ist allerdings eine große Herausforderung. Kooperationen gehorchen einer anderen Logik als ein Einzelunternehmen.

Wäre Unternehmensführung Handwerk, so wäre Kooperation Kunsthandwerk

Tatsächlich scheitert ein erheblicher Teil der Kooperationen bzw. erreicht die gesteckten Ziele nicht. Seriöse Untersuchungen über alle Branchen hinweg gehen von einer Quote des Scheiterns von zwei Drittel bis drei Viertel aus. Das heißt: von 100 Kooperationen erreichen nur 25 bis 35 ihre Ziele. Gehen wir davon aus, dass die Erfolgsquote – oder hier besser: die Misserfolgsquote – in der Landwirtschaft nicht wesentlich abweichen dürfte. Bei allen Schwierigkeiten, Kooperationserfolg zu messen, ist diese Quote sicher bedenkenswert. Sie lässt nach den Faktoren fragen, auf die Sie besonders sorgfältig achten sollten, um Ihrem Kooperationsvorhaben eine gesunde Überlebenschance einzuräumen. Dabei gilt zunächst, dass alles, was gute Unternehmensführung ausmacht, selbstverständlich zu den Grundvoraussetzungen für das Gelingen in der Zusammenarbeit zählt. In Kooperationsvorhaben kommen jedoch einige Besonderheiten dazu, die nur daraus resultieren, dass nicht mehr Einer allein die Entscheidungen trifft, sondern gemeinsam zu treffende Entscheidungen Grundlage für den Unternehmenserfolg werden. Zehn Faktoren verdienen besondere Beachtung, um die Erfolgsaussichten der Zusammenarbeit zu verbessern.

Erfolgsfaktor 1 Der richtige Partner

Trau, schau wem

Der richtige Partner ist die wichtigste „Zutat" für die Leistungsfähigkeit jeder Kooperation. Die Bedeutung der V-Wörter für die Unternehmensführung gilt in der Zusammenarbeit ganz besonders. Wo Vertrauen, Verlässlichkeit und Verantwortungsbewusstsein fehlen, kommt Kooperation nicht in Gang. Wo sie im Laufe der Zusammenarbeit abhanden kommen, wird aus der fruchtbaren Kooperation eine furchtbare Quälerei. Die Wahl des richtigen Kooperationspartners weist Parallelen auf zur Wahl eines Lebenspartners – wohlgemerkt: Die Wahl! Bei beiden Auswahlprozessen geht es darum, aus einer scheinbar unendlich großen Vielzahl möglicher Partner den Einen bzw. bei Kooperationen auch die Wenigen herauszufinden und zu -filtern, die möglichst genau den Vorstellungen entsprechen und die Glücks- (bei der Wahl des Lebenspartners) bzw. Erfolgserwartungen (bei der Wahl des Kooperationspartners) rechtfertigen. Fünf „W-Fragen" sind zu beantworten, um bei der Partnerwahl grobe Fehler zu vermeiden:

Frage 1: Was?
Zunächst muss eine klare Vorstellung darüber her, worin die Kooperation eigentlich bestehen soll? Worum geht es, auf welche Felder soll sich die Zusammenarbeit erstrecken und welche Zeithorizonte soll sie überdauern.

Frage 2: Wer?
Mit dieser Frage richten Sie Ihre Aufmerksamkeit auf sich selber. Wie sieht Ihr betriebliches Profil aus? Welche Stärken bringen Sie mit, welche Schwächen könnten durch die Zusammenarbeit kompensiert werden? Welche Chancen erkennen Sie in der Kooperation mit dem richtigen Partner, welche Risiken wollen Sie auf keinen Fall eingehen?

Frage 3: Wen?
Hier rückt Ihr künftiger Kooperationspartner ins Blickfeld. Welche Mitgift erwarten Sie von ihm? Was muss er mitbringen in die Zusammenarbeit, damit sich Ihre Profile ergänzen. Welche Eigenschaften braucht Ihr Vorhaben vom Partner, damit das Ganze mehr ist als die Summe seiner Einzelteile?

Frage 4: Wie?
Öffentlichkeitsarbeit und Werbung sind der Schlüssel zur Wahrnehmung. Das gilt auch bei der Anbahnung von Kooperationen. Erinnern Sie sich an die Bedeutung der Perspektive von außen[3]. Wecken Sie Interesse für Ihr Profil, die eigene „Mitgift“, die Sie in die Zusammenarbeit mitbringen. Je „teurer“ Sie Ihre Haut verkaufen, desto höher dürfen Ihre Ansprüche an den Kooperationspartner sein.

Frage 5: Wo?
Fündig können Sie nur dort werden, wo Sie suchen, bzw. wo andere davon erfahren, dass Sie offen sind für eine Zusammenarbeit. Bei der Suche nach einem Lebenspartner macht es einen großen Unterschied, ob Ihre Annonce z. B. in der Wochenzeitung „Die Zeit“ erscheint oder im Kleinanzeigenteil des kostenlosen lokalen Sonntagsanzeigers. Wenn Sie jemanden suchen, mit dem Sie eine Hochzuchtherde zu

3 Siehe Kapitel 1.2

internationalem Renomee führen können, suchen Sie woanders, als wenn es um die gemeinsame Nutzung einer Wiesenschleppe geht.

Es gibt wenige allgemeingültige Wahrheiten bei der Wahl des Partners. Es kann richtig sein, einen möglichst ähnlich „tickenden" Partner zu finden, der die gleichen Kompetenzen mitbringt, der ähnlich motiviert und qualifiziert ist und der eine vergleichbare Arbeitsweise und Grundhaltung mit in die Zusammenarbeit bringt. Ebenso richtig kann eine Auswahl nach dem „Stecker-Steckdose-Prinzip" sein: Was ich schon habe, braucht der Partner nicht. Er soll mitbringen was mir fehlt. „Je unterschiedlicher wir sind, desto besser können wir harmonieren." Tatsache ist, das beide Pole dieser Ähnlichkeitsskala erfolgreich sein können. „Gleich und Gleich" ebenso wie „Anders als der Andere". Umgekehrt kann keine dieser Alternativen den Erfolg garantieren. Daraus folgt, dass der Grad der Ähnlichkeit von Profilen, Haltungen und Verhaltensweisen der Kooperationspartner nicht der der ausschlaggebende Punkt ist. Unbestritten aber ist, dass Klarheit darüber her muss, inwieweit solche Unterschiede möglicherweise vorhanden sind und stören könnten.

Erfolgsfaktor 2 Der richtige Zeitpunkt

Manchmal ist es wie verhext: Wenn es am nötigsten wäre, eine gute Kooperation zu haben, ist sie am weitesten entfernt. Tatsächlich gibt es eine unselige Logik falsch verstandener Kooperationsstrategien. Ihre eigene Attraktivität als Kooperationspartner für andere ist dann hoch, wenn Ihr Unternehmen leistungsfähig und chancenreich auf ergiebigen Märkten tätig ist. In diesen Zeiten ist indessen die Bestrebung, Kooperationen einzugehen in der Regel nicht sehr ausgeprägt. Scheinbar funktioniert alles. Wozu teilen, was Sie allein schaffen und haben können?

Tatsächlich rückt die Idee zur Zusammenarbeit meist dann in das Blickfeld, wenn es im Alleingang nicht – oder nicht mehr – funktioniert. Sei es weil Stärken abhanden gekommen sind, Chancen sich als trügerisch erwiesen haben, neue Schwächen oder neue Risiken zu Tage getreten sind. Gründe für eine Kooperation aus der Defensive können auch darin liegen, dass Planungen nicht aufgegangen sind oder die Rahmenbedingungen, die den Planungen zugrunde gelegen hatten, sich ungünstig verändert haben.

Richtige Zeiten – Falsche Zeiten

Abbildung 13 verdeutlicht den Zusammenhang. Im stilisiert dargestellten Auf und Ab des Erfolgs über die Jahre sind die Talwärts-Phasen die Zeitfenster, in denen Sie aus der Defensive heraus in eine Kooperation starten: Mit ungünstigen Zukunftserwartungen, zurückgehender Rentabilität, möglicherweise sich verengender Liquidität. In dieser „falschen Zeit" operieren Sie zumeist unter Druck und aus einer schwachen Position heraus. Es wird schwierig, eigene Vorstellungen in einer Zusammenarbeit gegen die Interessen eines stärkeren Partners durchzusetzen. Das gilt ganz besonders dann, wenn Ihr künftiger Partner über Ihre Situation im Bilde ist und dieses Wissen strategisch einsetzt.

In den Aufwärts-Phasen blicken Sie in eine erfolgversprechende Zukunft. Sie stehen vor aufnahmefähigen Märkten, Ihre Produkte und Leistungen sind gefragt, Ihre Produk-

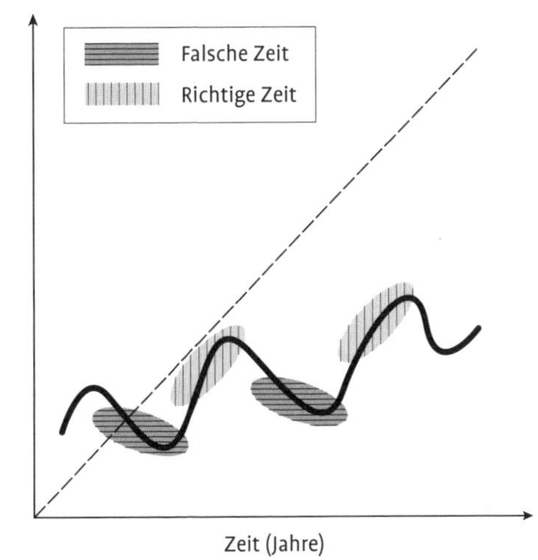

Abb. 13
Zeitpunkte für die Kooperationsanbahnung

tionsverfahren funktionieren und die Rentabilität stimmt. Wenn es Liquiditätsengpässe geben sollte, liegt es am Finanzierungsbedarf des Wachstums. Kurz: Ihr Unternehmen und Sie können vor Kraft und Energie kaum laufen! In dieser „Richtigen Zeit“ sind Sie ein gefragter Kooperationspartner: Erfolg macht anziehend. Nutzen Sie diese Zeit, um Ihre Vorstellungen von einer Kooperation zu formulieren und nutzen Sie Ihre Position, diese Vorstellungen auch in einer vitale Partnerschaft durchzusetzen.

Dieser einfache Grundzusammenhang des richtigen Zeitpunkts gehört zu den grundlegendsten Erfolgsfaktoren für nachhaltige leistungsfähige und gewinnbringende Kooperationen.

Erfolgsfaktor 3 Das richtige Modell

Jede Kooperation ist anders. Es gibt ein weites Spektrum möglicher Formen der Zusammenarbeit. Bereits bei der Frage nach dem richtigen Kooperationspartner steht am Anfang die Frage nach dem „Was“ einer Zusammenarbeit. Da sind die rechtlich geregelten Formen der Zusammenarbeit. Solche Grundmuster leiten sich aus gesetzlichen Rahmenwerken ab wie z. B. dem Handelsgesetzbuch, dem GmbH-, dem Genossenschafts- oder dem Aktiengesetz. Eine große Zahl möglicher Muster der Zusammenarbeit aber ist rechtlich nicht ausdrücklich geregelt. Deren Rahmen ergeben sich aus den allgemeinen Rechtsnormen des bürgerlichen Gesetzbuches. Daraus folgt eine sehr weite Gestaltungsfreiheit für diese Gesellschaften bürgerlichen Rechts (GbR). So oder so gilt: Gesetze schaffen (nur) einen mehr oder weniger engen Rahmen, innerhalb dessen die Ausgestaltung jeder Form der Kooperation zunächst den Kooperationspartnern überlassen ist. Das ist auch die richtige Reihenfolge im Aufbau: Zunächst verständigen sich die Kooperationspartner auf das „Was“, die Aufgaben, Ziele und Inhalte der Zusammenarbeit. Danach findet man – sofern erforderlich und ggf. mit kompetentem Rat – die dazu passende rechtliche Konstruktion.

Unabhängig von diesen Regelungen weisen Kooperationen Muster auf, die es erlauben, sie in Gruppen zusammen zu fassen. Zwei Hauptunterscheidungen sind bedeutsam:

Die nach der Kooperationsrichtung und die nach der Intensität der Zusammenarbeit.

Horizontal oder vertikal: Das Wertschöpfungsnetz

Im Zentrum des Wertschöpfungsnetzes steht das eigene Unternehmen. Vertikal sind oberhalb davon, gewissermaßen stromaufwärts bzw. upstream, in der Vorleistungssphäre die Lieferanten angesiedelt. Hierzu zählen alle diejenigen, deren Vorleistungen im Unternehmen genutzt werden: Z. B. Verpächter, Agrarhandel, Technikanbieter, Lohnunternehmer, Tierarzt und auch die Hausbank gehören zu den Lieferanten. Unterhalb des Zentrums, Ihres Unternehmens, stromabwärts bzw. downstream, befinden sich in der Sphäre der Abnehmer die Kunden. Zu ihnen zählen alle diejenigen, die Erzeugnisse und Dienstleistungen Ihres Unternehmens abnehmen: Z. B, die Molkerei, das Schlachtunternehmen, der Erfassungshandel. Auf der Horizontalachse sind die Branchenkollegen angesiedelt, die auf derselben Wertschöpfungsebene tätig sind wie Ihr Unternehmen. Diese Kollegen können sowohl als Konkurrenten als auch als potenzielle Kooperationspartner verstanden werden. Aus der Perspektive der Zusammenarbeit steckt in jedem Konkurrenten immer auch ein „bisschen" Kooperationspartner. Jeder Kooperationspartner ist immer auch ein „bisschen" Konkurrent. Suchen Sie systematisch nach möglichen Partnerschaften in diesem Wertschöpfungssystem, bei denen eine engere Zusammenarbeit zu Win-Win-Situationen bzw. zu „Synergieeffekten" führen kann. Vertikal bestehen die Synergieeffekte in der Regel durch die Senkung der Transaktionskosten, den Kosten für die Anbahnung, Absicherung und Durchsetzung vertraglicher Vereinbarungen. Eine durch Vertrauen, Verlässlichkeit und Verantwortungsbewusstsein geprägte Geschäftsatmosphäre senkt die Transaktionskosten. Enge und engere Kooperation mit den vor- und nachgelagerten Bereichen setzt bei diesen V-Wörtern an – und fördert gleichzeitig deren Festigung. Egal, ob die Geschäftsbeziehungen durch schriftliche Verträge oder Handschlagvereinbarungen begründet sind.

Fest oder lose: Die Intensität

Kooperation ist alles. Diesen Eindruck könnte man zumindest auf einem internationalen Flug bekommen, wenn sich die Stewardess mit einem freundlichen „Thank you for your co-operation" dafür bedankt, dass Sie den Sicherheitsgurt angelegt haben. Tatsächlich ist der Begriff der Koope-

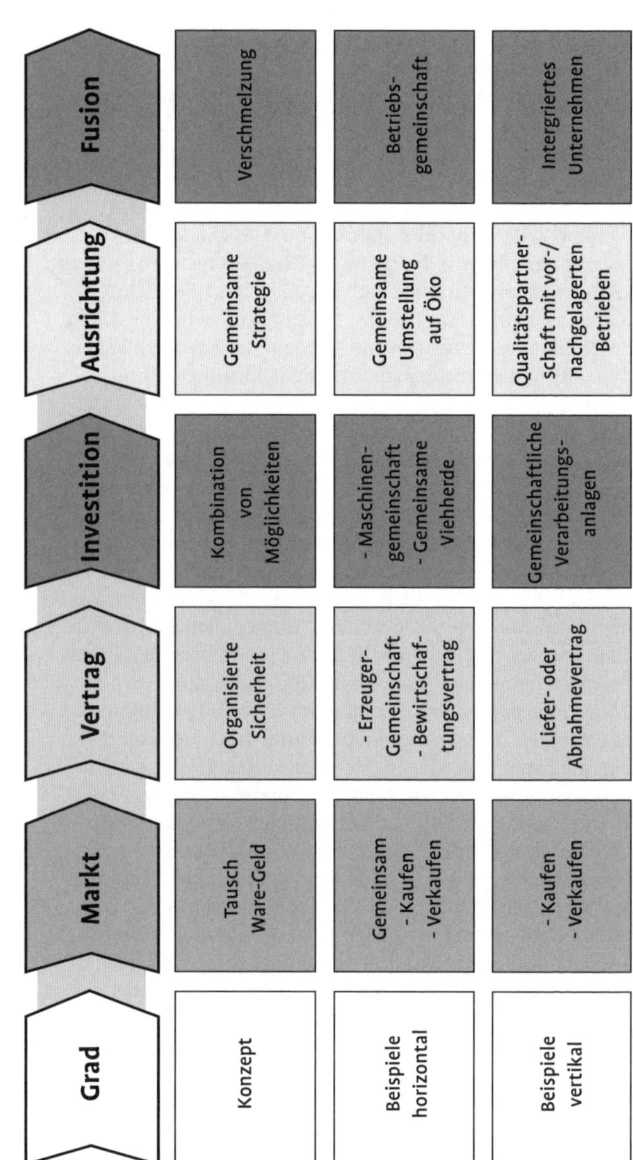

Abb. 14
Gradmesser der Kooperation

ration nicht klar definiert. In der Landwirtschaft beginnt die Kooperation bereits in Form einfacher Geschäfte. Sie kaufen im Baumarkt eine Schaufel ein, bezahlen an der Kasse und – haben soeben eine erfolgreiche Kooperation hinbekommen: Zwei Beteiligte, die beide nach der zeitlich eng begrenzten Kooperation besser da stehen als vorher. Der Baumarkt hatte reichlich Schaufeln, Sie brauchten eine und haben dafür Euros eingetauscht. Eine schöne, ganz einfache Form der Zusammenarbeit mit messbarem Ergebnis und einer Win-Win-Situation.

Die spürbar nächste Stufe der Zusammenarbeit wird durch den Übergang von Einzelgeschäften zu komplexen Verträgen erreicht. Statt jedes Kilowatt Strom einzeln zu beziehen, schließen Sie einen Vertrag mit Ihrem Stromanbieter. An die Stelle ständig neuer Aushandelsprozesse tritt eine dauerhafte, vertraglich geregelte Austauschbeziehung. Das senkt die Transaktionskosten erheblich. Statt Pachtverträge Jahr für Jahr neu auszuhandeln, verständigen Sie sich einmal langfristig und schaffen Planungssicherheit für alle Beteiligten.

Gemeinsam investieren

Ein weiterer Schritt in Richtung engerer Kooperation stellen gemeinsame Investitionen dar. Dabei verständigen die Partner sich nicht nur auf definierte Leistungen und Gegenleistungen, sondern nutzen gemeinsam Chancen und gehen gemeinsam Risiken ein. Diese neue Qualität und höhere Intensität der Kooperation besteht im Aufbruch ins Ungewisse. Während Verträge Ungewissheit beseitigen, gehen Investitionen von Zukunftserwartungen aus. Statt vertraglicher Gewissheit teilt man unternehmerischen Aufbruch. Dadurch wächst mit der Enge der Verflechtung und dem Ausmaß der Investition das erforderliche Maß an Vertrauenswürdigkeit und Verlässlichkeit der Partner. Beispiele dafür können Maschinengemeinschaften, gemeinsame Verarbeitungs- oder Vermarktungseinrichtungen sein.

Wer nicht nur Investitionen teilt sondern in Zusammenarbeit ganze Betriebszweige gemeinsam aufbaut oder ausrichtet, erreicht eine weitere Stufe intensiver Zusammenarbeit. Die Partner gehen eine sehr komplexe Kooperation ein, in der Erfolg oder Misserfolg nicht mehr ganz einfach zuzumessen sind. Beispiele: Ein gemeinsamer Ferkelaufzuchtstall, der gemeinsame Aufbau eines bäuerlichen

Lohnunternehmens, eine bäuerliche Gemeinschaftsmolkerei.

Der höchste Grad der Zusammenarbeit ist die Fusion. Das Verschmelzen zu einem gemeinsamen Unternehmen. Diese Form der Kooperation stellt umfangreiche Anforderungen an die wirtschaftlichen, rechtlichen, steuerlichen und finanziellen Aspekte. Sie verlangt auch ein weitreichendes Vertrauen in die Person und das persönliche Umfeld des Kooperationspartners.

Die dargestellten Kooperationsformen treten nicht nur in Reinform auf. Es gibt Zwischenstufen und Sonderformen. Diese schematische Zuordnung kann jedoch helfen, den Überblick zu behalten über die verschiedenen Grade der möglichen Zusammenarbeit. Sie dient nicht dazu, Ihre Gestaltungsfreude zu beeinträchtigen. Die spannende, aber leider nicht allgemeingültig zu beantwortende Frage ist die nach dem richtigen Intensitätsgrad zum Einstieg in eine Zusammenarbeit. Das richtige Maß hängt zunächst ab von der Natur des Vorhabens. Die Nachbarschaftshilfe bei der Heuernte findet „loser" statt als ein gemeinsamer Einstieg ins Biogasgeschäft. Ziele und Perspektiven der Beteiligten spielen eine eigenständige Rolle. Die Qualität des zum Einstieg bereits vorhandenen Fundaments der V-Wörter wirkt sich auf die Intensität zu Beginn aus – spätere Vertiefung nicht ausgeschlossen. Der Investitionsbedarf, das Vertrauen möglicher Markt- und Finanzierungspartner und schließlich das eigene Bauchgefühl beeinflussen darüber hinaus die Wahl der richtigen Einstiegsintensität.

Nutzen Sie Abbildung 14 als Prüfrahmen, mit dessen Hilfe Sie gemeinsam mit Ihrem Partner ausgehend von den Aufgaben und Zielen, dem Partner und dem V-Wörter-Fundament ein passendes Grundmuster ins Auge fassen können.

Erfolgsfaktor 4 Frühes Scheitern

Das, was wie ein ungarer Widerspruch in sich erscheint, ist die logische Folge aus der Erkenntnis der hohen Misserfolgsquote von Kooperationen. Wenn zwei Drittel bis drei Viertel der Vorhaben ihre Ziele nicht erreichen, ist es vernünftig, möglichst frühzeitig zu erkennen, wenn die eigene Kooperation nicht im richtigen Drittel bzw. richtigen Viertel der Erfolgreichen angesiedelt ist. Jede Form der Zusammenarbeit ist von Hoffnungen und Erwartungen getragen. Meistens fließen darüber hinaus Zeit-, Euro- oder sonstige materielle oder auch immaterielle Ressourcen in die Vorbereitung und den Aufbau einer Zusammenarbeit. Je mehr Ressourcen in einer Kooperation stecken, desto schwieriger wird es, der möglicherweise sich einstellenden Erkenntnis konsequent Rechnung zu tragen, dass die eigene Kooperation nicht erfolgreich ist – und wohl auch nicht erfolgreich sein wird. Um nicht aus den falschen Gründen Kooperationen fortzuführen – im unglücklichsten Fall solange, bis es irgendwann „richtig knallt" – sollten Mechanismen gefunden werden, ein Scheitern frühzeitig zu erkennen und entsprechende, gegebenenfalls auch harte Entscheidungen treffen zu können. Am besten bereits vor dem Einstieg in die Zusammenarbeit.

Achtung: Euphorie des Aufbruchs

Stellen Sie vor dem Eintritt in die Zusammenarbeit fest, ob Sie zusammen passen. Prüfen Sie, ob es Ihnen in dieser Phase gelingt, offene Punkte zu identifizieren und anzusprechen. Probieren Sie aus, ob Sie es schaffen, mit unterschiedlichen und auch gegensätzlichen Interessen umzugehen. Schaffen Sie es vor Beginn der eigentlichen Zusammenarbeit nicht, ist die Wahrscheinlichkeit es zu einem späteren Zeitpunkt hinzubekommen äußerst gering. Das zeigt nicht nur die Erfahrung, das sagt auch die Logik. Den freiwilligen Einstieg in eine Kooperation werden die Beteiligten nur dann wagen, wenn sich alle einen Vorteil davon versprechen. Wenn alle einen Gewinn erwarten, handelt es sich um eine klassische Win-Win-Situation. Verändern sich in dieser Phase die Verteilungen des Kooperationsvorteils so, dass einer der Beteiligten seinen Anteil am Gewinn nicht mehr erkennen kann, er möglicherweise zu einem „Verlierer" wird, wird unter normalen Umständen die Zusammenarbeit nicht zustandekommen. Kein Problem; hoffentlich. Findet diese Verschiebung der Vorzüglichkeiten aber erst in der bereits begonnen Zusammenarbeit statt, ist der Ausstieg aufgrund der bereits investierten Energie und Ressourcen nicht mehr so einfach möglich. Es ergeben sich neue Verteilungen, ohne Win-Win, möglicherweise sogar mit Win-Lose. Dazu kommt wie bei einer Unternehmensneugründung: Die ersten Monate und Jahre einer Zusammenarbeit sind

Prüfen Sie, BEVOR Sie sich binden

die schwierigsten. In der Euphorie des Aufbruchs übersieht man leicht, dass nicht alles auf Anhieb funktionieren wird, dass Märkte gar nicht so dringend auf ein neues Produkt gewartet haben wie gedacht, dass Produktionsverfahren doch eine längere Anlauf- und Lernphase brauchen, dass Finanzierungsnachschussbedarf besteht, wo man doch eigentlich gemeinsam Geld verdienen wollte. Diese im Einzelunternehmen bei einigermaßen vorausschauender Planung in der Regel durchaus beherrschbaren Entwicklungen bieten in einer Kooperation vielfältige Ansatzpunkte für Konflikte: Unzufriedenheit macht sich breit, die Suche nach dem vermeintlich Schuldigen beginnt, die Grundsatzfrage „War es richtig mit dem Partner ..." nagt an allen Beteiligten. Zum sachlich-inhaltlichen Korrekturbedarf kommt nun die Dynamik auf der Beziehungsebene. Es beginnt die Suche nach Belegen für Vermutungen, dass man selber alles richtig gemacht habe; Fehler gehen zu Lasten des Partners. Selbst völlig außerhalb des Unternehmens liegende Störungen bekommen plötzlich einen Namen und ein Gesicht im Unternehmen. Diese Phase des Misstrauens kann übergehen in eine Phase der Anfeindungen und des Heimzahlens.

Erfolgsfaktor 5 Gesunde Chemie

Die Chemie muss stimmen. Diese Forderung steht über allen Formen der Zusammenarbeit – gleich welcher Art. Ziele werden nur dann erreicht, wenn alle mitmachen. Erfolg setzt voraus, dass alle Beteiligten ihn wollen. Chemie ist gewissermaßen die persönlich-beziehungsbezogene Komponente jenseits organisatorischer Regelungen zwischen Partnern und Mitarbeitern. Eine stimmige Chemie stärkt eine Atmosphäre des Vertrauens und der Verlässlichkeit. Was für die Personalführung gilt, gilt für die Zusammenarbeit mit Partnern „auf Augenhöhe" allemal. Das rationale Argument, die inhaltliche Richtigkeit und das sachliche Anliegen macht nur einen Teil, ein kleinen Teil des Zusammenwirkens aus. Ein weit größerer Teil spielt sich auf der Beziehungsebene ab. Diese Tatsache ist in Kooperationen von herausragender Bedeutung, denn eine Zusammenarbeit von Gleichberechtigten setzt auf „laterale Koordination", das heißt: Es gibt keinen Vorgesetzten, der Konflikte ent-

Achten Sie auf die Beziehungsebene

schärfen könnte. Hierarchiegebundene Entscheidungsstrukturen entfallen. Entscheidungen sind als Vereinbarungen zwischen den Kooperationspartnern auszuhandeln. Vertrauenswürdigkeit, Verlässlichkeit und Verantwortungsbewusstsein sind dabei unerlässliche Qualitätsmerkmale eines Partners für eine nachhaltig tragfähige und entwicklungsfähige Zusammenarbeit.

Buy one – get one free

Kauf einen, bekomm einen umsonst dazu.[4] In Kooperationen zwischen landwirtschaftlichen Familienbetrieben spielt auch das jeweilige Umfeld eine bedeutende Rolle. Die Familienangehörigen, die im Betrieb mitarbeiten und sich für den Betrieb mitverantwortlich fühlen, sitzen nicht immer mit am Tisch der Kooperationspartner – sie haben aber üblicherweise eine Meinung zu den Vereinbarungen, die in der Zusammenarbeit getroffen werden. Verständnis für die Logik der Kooperation, Rücksicht auf die Notwendigkeit Entscheidungen gemeinsam zu treffen, gemeinsam durchzusetzen und auch gemeinsam zu verantworten, sowie eine große Geduld gegenüber den möglicherweise kurzfristig aus dem Blick geratenden langfristigen Zielen der Zusammenarbeit sind Voraussetzungen dafür, dass das Umfeld stimmt.

Verständnis, Rücksicht, Geduld

Schauen Sie sich Ihren Kooperationspartner und sein Umfeld gut an. Für Win-Win-Kooperationen benötigen Sie geeignete Partner. Setzen Sie daher auf Gewinner-Typen. Meiden Sie Sieger-Typen. Gewinnen können mehrere, das macht den Reiz von Win-Win aus. Sieger brauchen Verlierer, sonst wäre der Sieg kein echter.

Erfolgsfaktor 6 Richtig rechnen: Win-Win – und das Spiel verstehen

Synergie ist ein prima Begriff, um den Nutzen effizienter Zusammenarbeit auf den Punkt zu bringen. Landläufig lautet eine Auslegung von Synergie: „Das Ganze ist mehr als

4 „Buy one – get one free“ ist ein Verkaufsargument bei Preisaktionen in Supermärkten der USA. Dieses Motto zeigt im übertragenen Sinn auch die Herausforderung in der Zusammenarbeit zwischen Familienbetrieben.

die Summe seiner Teile". Tatsächlich ist die Ermittlung der Kooperationsvorteile eine äußerst anspruchsvolle Aufgabe. Sie verlangt die richtigen Bewertungsmaßstäbe zu finden, faire Verteilungsschlüssel von Aufwand und Ertrag zu definieren und mögliche künftige Veränderungen der Rahmenbedingungen zu berücksichtigen.

Partner beim Backen – Konkurrenten beim Verteilen

Im Aufbau von Märkten sind die Anbieter natürliche Kooperationspartner – zumindest stillschweigend -, da jeder der Anbieter das Interesse haben dürfte, Märkte zu vergrößern. Bei der Aufteilung des Marktes, besser gesagt im Kampf um die Marktanteile werden aus diesen – möglicherweise nur stillschweigenden – Kooperationspartnern Konkurrenten. Man kann es mit einem einfachen Bild vergleichen: Beim Backen eines Kuchens sind die Interessen gleichgerichtet – ein schöner Kuchen. Am besten man arbeitet konstruktiv zusammen. Beim Verteilen gehen die Interessen auseinander: Jeder strebt nach dem größten Stück. In der Begriffswelt der Spieltheorie schlägt an dieser Stelle der Modus vom Nicht-Nullsummenspiel um in den des Nullsummenspiels. Anders ausgedrückt: Aus der ursprünglich scheinbar stabilen Win-Win-Situation wird eine Win-Lose-Situation. An dieser Stelle sind Kooperationen in Gefahr.

„Wer überleben will, muss nicht schneller laufen als der Bär, aber bitte doch schneller als der Mitläufer." So hat Josef Ackermann, von 2006 bis 2012 Vorstandschef der Deutschen Bank, einen grundlegenden Mechanismus zum Verständnis strategischer Spiele anlässlich der Hauptversammlung der Deutschen Bank im Jahre 2005 erläutert.[5] Erfolgreiche Aktienhändler wissen, dass weniger entscheidend ist, für wie gut sie persönlich die Aktie halten, als vielmehr die Frage, für wie gut die anderen Marktteilnehmer die Aktie halten werden. In Kooperationen gilt ähnliches. Es ist nicht unbedingt entscheidend, was Sie für sich allein als richtig halten. Wichtig ist, was für die Kooperation als Ganzes Erfolg ermöglicht. Das setzt voraus, dass Sie das Spiel der Kooperation verstehen, bevor Sie damit beginnen.

5 Lotter, W.: Der Pudding, die Wand und der Nagel. In: brandeins

Erfolgsfaktor 7 Klare Kante

Kooperationen in wechselhaftem Umfeld sind der Gefahr ausgesetzt, dass sich Umfang und Verteilung der Win-Win Potenziale verändern. Verschiebungen von Win-Win-Umfang und -Verteilung. Und auch darüber hinaus kann es an der Schwelle, an der aus dem Nichtnullsummenspiel ein Nullsummenspiel wird, zu neuen Begehrlichkeiten kommen. Das verführt möglicherweise zu Mogeleien eines Partners. Kommt es zu solchen Erscheinungen, ist entschiedenes Handeln erforderlich. Der „Rückschlag" muss härter ausfallen als der Erstschlag; nicht aus Rache, sondern um die Qualität der Zusammenarbeit wiederherzustellen.

Finger weg vom Elektrozaun

Drei Gründe sprechen für diese allgemein anerkannte Regel: Zum Ersten sind Kooperationen selbstlernende Systeme. Kommt der Schummler mit seinen Mogeleien durch, lernt er, dass es sich lohnt. Das ist das falsche Signal. Wer schon einmal an einen elektrischen Zaun gefasst hat, weiß, dass der momentane Schmerz viel größer ist als der eigentliche Anlass. Aber er hat auch gelernt besser die Finger vom Zaun zu lassen. Zweitens könnte ein Kino-Effekt einsetzen. Wenn einer aufsteht, um im Kino einen Sichtvorteil zu erlangen, mag ihm das nützen. Die hinter ihm Sitzenden sind nun allerdings im Nachteil und könnten den nur dadurch ausgleichen, dass sie sich gleichfalls hinstellen. Am Ende stehen alle – der Vorteil ist weg. Aber es ist für alle unbequemer als wären sie sitzengeblieben. So geht es in Kooperationen mit Mogeln. Besser alle Beteiligten spielen fair. Das ist bequemer als gegenseitige Übervorteilung. Das ist schließlich der dritte Punkt: Wenn schädliche Handlungen nicht konsequent unterbunden werden, verlottern die Sitten. Am Ende weiß niemand mehr, wer eigentlich angefangen hatte – jeder aber weiß, dass er auch mitmachen muss, um nicht den Kürzeren zu ziehen.

Erfolgsfaktor 8 Den Prozess gestalten – Konfliktstaus vermeiden

Kooperation ist ein Zusammenwirken verschiedener Faktoren, die noch dazu über die Zeit veränderlich sind. Kooperation ist nicht statisch, sie ist dem Lauf der Zeiten und der

Entwicklung der Dinge unterworfen: Weil die Kooperationspartner Einfluss nehmen auf das Geschehen, weil das Umfeld sich entwickelt und neue Chancen bietet bzw. neue Risiken sich auftun. Zu einer erfolgreichen Kooperation gehört daher auch eine funktionierende Koordination. Die ist wiederum angewiesen auf eine funktionierende, laufende Kommunikation zwischen den Beteiligten. Kooperation ist ein Prozess. Prozessgestaltung heißt „Flow“ organisieren, den Fluss ermöglichen.

Erfolge beflügeln – Misserfolge blockieren

Treiber oder Bremsen für den Kooperationserfolg können aus dem Prozess selber hervorgehen. Erfolge können ihrerseits die Zusammenarbeit beflügeln, Misserfolge können zu Verspannungen und Blockaden führen. So können Kooperationen eine gänzlich eigene Dynamik entfalten – im Guten und im Schlechten. Nutzen Sie den Effekt. Ziehen Sie eigene Kraft aus dem Gelingenden, holen Sie daraus Dynamik in die Zusammenarbeit. Achten Sie auf der anderen Seite sorgfältig darauf, dass Misserfolge nicht unbemerkt zu schleichenden Bedrohungen werden. Attackieren Sie sie, solange sie noch beherrschbar sind. Sprechen Sie regelmäßig über die Dinge, die die Zusammenarbeit betreffen. Jour fixe heißen Termine zur regelmäßigen Abstimmung in Unternehmen, Abteilungen oder eben auch Kooperationen. Setzen Sie eine Tagesordnung auf, die es allen Beteiligten ermöglicht, sowohl die positiven als auch die negativen Beobachtungen offen anzusprechen. Die richtigen Abstände zwischen solchen Jours fixes sind nicht generell festzulegen. Sie hängen ab von der Art der Zusammenarbeit, ihrer Dynamik und der Dynamik im Umfeld. Unterschätzen Sie die interne Kommunikation nicht. Die oben beschriebene Dynamik kann sich zu einer Negativspirale entwickeln, in der aus der ursprünglichen Win-Win-Situation zunächst eine Win-Win-Situation mit ungleicher Verteilung wird, daraus eine Win-Lose-Situation entsteht, die schließlich sogar in einer Lose-Lose-Situation enden kann.

Erfolgsfaktor 9 Verantwortung fürs Ganze: Organisierte Verantwortung

Regeln Sie den Regelungsbedarf. Klären Sie mit Ihrem Kooperationspartner, was Sie ausdrücklich zu klären gedenken – und was Sie keiner Grundsatzregelung unterwerfen wollen. Sie vermeiden so, zufällige „weiße Flecken", die Ihnen in schwierigeren Zeiten das Leben in der Zusammenarbeit schwer machen. In Tabelle 4.2 finden Sie eine „Checkliste" dessen, was in einer Kooperation regelungsfähig ist. Klar ist, dass nicht in jeder Form der Zusammenarbeit alles geregelt werden muss. Wo es nur darum geht beim Heumachen mit anzupacken, so dass vor dem nächsten Schauer alles unter Dach und Fach ist, muss keine schriftliche Ausarbeitung zum Geschäftszweck oder zur Außenvertretung her. Wo es jedoch um gemeinsame Investitionen oder mehr geht, müssen Regelungen her, die dokumentiert sind.

Weiße Flecken vermeiden

Die Idee der Checkliste 4.2 ist, zunächst systematisch die Punkte zu identifizieren, die Einfluss auf den Kooperationserfolg haben. Sie sehen fünf Gruppen. Sie betreffen die Kooperation als Ganzes, die Anforderungen an die Partner und ihre Ansprüche, das Leistungsgeschehen, den Einsatz und die Entgelte sowie sonstige Aspekte. In der Vorbereitung einer Kooperation können Sie in die sechs Spalten auf der rechten Seite den jeweiligen Stand der Klärungen zu den Einzelpunkten abhaken. Halten Sie eine Klärung des jeweiligen Punktes für erforderlich, wünschenswert oder überflüssig? Ist der Punkt bereits erledigt, noch in Vorbereitung oder als offener Posten noch gar nicht angepackt?. Wenn Sie diese Checkliste gemeinsam mit Ihrem Kooperationspartner durcharbeiten, wird sich eine Menge möglicher Konflikte bereits im Vorfeld klären lassen.

Erfolgsfaktor 10 Der archimedische Punkt

Der Punkt außerhalb des Universums, der Archimedische Punkt,[6] von dem aus sich die Welt bewegen lässt, spielt in Kooperationen eine besondere Rolle. Möglicherweise kommt es trotz aller guten Vorbereitung doch auch mal zum

6 Siehe Kapitel 1.2

Tab. 4.2 Checkliste für Kooperationsvereinbarungen

Bereich	Was müssen wir klären?	Erforderlich	Wünschenswert	Überflüssig	Erledigt	In Vorbereitung	Offener Posten
Die Kooperation als Ganzes	Bezeichnung der Kooperation						
	Sitz						
	Kooperationszweck und Tätigkeitsumfang						
	Beteiligung und Haftung						
	Rechte und Pflichten der Kooperationspartner						
	Leitung, ggf. Geschäftsführung, Vertretung						
	Laufzeit der Kooperation						
Partner werden und bleiben	Beschlussfassungen						
	Aufnahme eines neuen Kooperationspartners						
	Ausscheiden eines Kooperationspartners						
	Trennung von einem Kooperationspartner						
	Gewinnverteilung						
Leisten und Liefern	Leistungserbringung, Gewährleistung und Garantie						
	Vorrang für Geschäfte mit Kooperationspartnern						
	Risikomanagement und Versicherungen						
	Sicherheiten und Bürgschaften						
	Einzahlungen						
	Geldverkehr						
Einsatz und Entgelte	Einsatz und Vergütung von immateriellen Wirtschaftsgütern						
	Einsatz und Vergütung von Personal und Arbeit						
	Form, Umfang und Entgelt des Einbringens von Grund und Boden						
	Form, Umfang und Entgelt des Einbringens von Gebäuden						
	Form, Umfang und Entgelt des Einbringens von Maschinen und Geräten						
	Sonderleistungen						
Darüber hinaus Wichtiges	Buchführung und Jahresabschluss						
	Laufende Abstimmung, Konfliktregelungen, Schiedsgericht						
	Sonstige Vereinbarungen						

Konflikt oder zum Streit in einzelnen Punkten. Ist der nicht in den Kooperationsvereinbarungen geregelt, bedarf es möglicherweise – wie in jedem sportlichen Wettkampf – eines Schiedsrichters, der für die Einhaltung der Regeln sorgt. Und wie im Sport, sollte der Schiedsrichter von Anfang an benannt sein, auch wenn er gar nicht in das Spielgeschehen eingreift. Das ist richtig so, solange es keinen Grund dafür gibt. Kooperationen, in denen der Schiedsrichter erst im Bedarfsfall ernannt werden soll, werden ihn dann nicht mehr bestimmen können. Ist der Konflikt erst da, wird es äußerst kompliziert, einen „neutralen" Akteur zu finden. Schlägt der Eine ihn vor, stößt er auf Vorbehalte beim Anderen. Schaffen Sie Ihren Punkt außerhalb des Universums also am besten ganz am Anfang, solange die Zeiten unbelastet sind und Konflikte noch nicht in Sichtweite.

5 Ihr Weg in die Zukunft

Machen Sie Ihr Unternehmen zu einem Triple-A-Unternehmen: Aktiv, Attraktiv und Anders. So wird es unverwechselbar, unaustauschbar und unverzichtbar. Treffen Sie kraftvolle Entscheidungen. Das ist die Kernaufgabe des Unternehmers. Moderieren Sie Ihre Unternehmensführung mithilfe der V-Wörter: Vertrauen, Verlässlichkeit und Verantwortungsbewusstsein. Managementkompetenz ist der Schlüssel zur Vertrauenswürdigkeit. Sie zeigt sich nach innen in der Personalführung und -entwicklung. Nach außen zeigt sie sich in der klaren Informationspolitik und Positionierung des Unternehmens bei Partnern in der Wertschöpfungskette. Verlässlichkeit entsteht durch Orientierung. Ihre Grundlage sind eine ambitionierte aber nicht unerreichbare Vision, sowie klar formulierte und kommunizierte Ziele, die Sie mit durchsetzungsfähigen Strategien verfolgen. Denken, organisieren und Handeln in Projekten unterstützt die adaptive Beweglichkeit, die in einem dynamischen Branchenumfeld gefragt ist. Verantwortungsbewusstsein schließlich heißt, das Haus in Ordnung halten. Mit dem Modell des Unternehmenshauses behalten Sie den Überblick und erhalten Sie die Handlungsfähigkeit. Ehrliche Selbst- und Fremdeinschätzungen sind die Basis, kontinuierliche Weiterqualifikation ist die vornehmste „Hausaufgabe“ des nachhaltig erfolgsorientierten Unternehmers.

Vielleicht zeigt die Arbeit mit den in diesem Buch vorgestellten Werkzeugen: Sie und Ihr Unternehmen sind besser als Sie dachten. Es kommt darauf an, sich der Stärken und Chancen bewusst zu sein. Schöpfen Sie Selbstbewusstsein und Kraft aus Ihren Stärken und nutzen Sie konsequent Ihre Chancen. Behalten Sie Ihre Schwächen im Auge und im Griff. Verlieren Sie die Risiken nicht aus dem Blick, lassen Sie diese aber nicht Ihr unternehmerisches Handeln dominieren. Vergessen Sie aber auch Goliath nicht. Wer sich auf den Lorbeeren ausruht, die er beim Blick in den Spiegel erkennt, riskiert die Zukunft. Beobachten Sie die Trends. Ziehen Sie Ihre Schlüsse daraus und gestalten Sie Ihr Unternehmen als Unternehmer: Sie gewinnen die Zukunft.

Wer nichts falsch macht, macht deswegen noch lange nicht alles richtig: Ruhen Sie sich auf Ihren Lorbeeren nicht aus!

Führt Ihre Auseinandersetzung mit Ihrem Unternehmen anhand dieses Buches zur Erkenntnis „Handlungsbedarf, wir müssen etwas verändern“ haben Sie mit dieser Arbeit den ersten Schritt dorthin getan. Sie haben eine Grundlage und die Enden identifiziert, wo Sie anpacken sollten. Gehen Sie beherzt an notwendige Veränderungsprozesse heran. Es lohnt sich: Sie gewinnen die Zukunft.

Service

Literaturverzeichnis

Andreas Hermes Akademie: bus-Unternehmertrainings

Brandenburger, A. u. B. Nalebuff: Co-opetition. New York 1996

Bundesministerium für Ernährung, Landwirtschaft und Verbraucherschutz: Agrarpolitischer Bericht 2011 der Bundesregierung. Bonn/ Berlin 2011

Bundesverband Deutscher Unternehmensberater BDU e. V. (Hrsg.): Grundsätze ordnungsgemäßer Planung. Bonn 2009.

Bundesverband Deutscher Unternehmensberater e. V. (Hrsg.): Wandel erfolgreich gestalten. Fachartikelserie des Fachverbandes Gründung, Entwicklung und Nachfolge. Bonn 2010

Collins, J.: Der Weg zu den Besten, Frankfurt/M. 2011

Dabbert, St. u. J. Braun: Landwirtschaftliche Betriebslehre. Grundwissen Bachelor. Stuttgart 2009

Der Spiegel Nr. 17, 23.04.2012: Das Erfolgsrezept des Heimatmagazins Landlust

Deutscher Bauernverband DBV e. V.: Situationsbericht 2011

Die Zeit, Nr. 33, 11. August 2011

DLG-Ausschuss für Wirtschaftsberatung und Rechnungswesen: Die neue Betriebszweigabrechnung. Frankfurt/M. 2004

DLG Hrsg. Jahresabschlussanalyse

Doluschitz, R., C. Morath u. J. Pape: Agrarmanagement. Grundwissen Bachelor. Stuttgart 2011

Domschke, W. u. A. Scholl: Grundlagen der Betriebswirtschaftslehre. Berlin, Heidelberg, New York 2008

Drucker, P.: Mangement, Band 2. Frankfurt/M., New York 2009

EMNID: Was denken deutsche Verbraucher über regionale Lebensmittel? Ergebnisse einer Umfrage im Auftrage des Bundesministeriums für Landwirtschaft, Ernährung und Verbraucherschutz. (1000 Befragte / Umfragezeitraum 16.–19.12.2011). Berlin 2012

Enquete-Kommission „Schutz des Menschen und der Umwelt – Ziele und Rahmenbedingungen einer nachhaltig zukunftsverträglichen Entwicklung“, Abschlussbericht. Deutscher Bundestag: Drucksache 13/11200 vom 26. Juni 1998, S. 108

Felden, B.: Wie der Generationenwechsel wirklich geht. In: Handelsblatt v. 13.02.2010.

Fisher, R., W. Ury u. B. Patton: Das Harvard-Konzept. Frankfurt/M. 2009.

Frentrup, M., M. Heyder u. L. Theuvsen: Risikomanagement in der Landwirtschaft. Frankfurt/M. 2010

Gesetzestexte: BGB, GmbH, AG-Gesetz

Gieschen, D. u. F. Schumacher-Gutjahr: Gewusst wie! Presse- und Öffentlichkeitsarbeit für erfolgreiche Landwirte. Frankfurt/M. 2008

Hagmann, P.: Der scheue Alleinherrscher. In: Neue Zürcher Zeitung, nzz-online v. 05.12.2002. (http://www.nzz.ch/2002/12/05/fe/article8K0WQ.html)

Heuser, U.J.: Humanomics, Die Entdeckung des Menschen in der Wirtschaft. Frankfurt / New York 2008

Kaplan R. u. D. Norton: The execution premium: linking strategy to operations to competitive advantage. Harvard 2008.

Kommission der Europäischen Gemeinschaften: Weissbuch „Anpassung an den Klimawandel". Brüssel 2009

Landwirtschaftliche Rentenbank. Risikoleitfaden. Frankfurt/M. 2010

Langosch, R.: Controlling in der Landwirtschaft. Frankfurt/M. 2010

Langosch, R.: Erfolgreiche Unternehmensführung in der Landwirtschaft. Das Fitnessprogramm für Ihren Betrieb. Verlag Eugen Ulmer, Stuttgart 2012

Langosch, R. Unternehmerische Ziele erfolgreich umsetzen. In: Kos, S.: Erfolgreich führen mit Herz und Verstand. Frankfurt/M. 2009

Olson, K.: Characteristics of High Profit Farms. In: International Farm Association IFMA (Hrsg.) IFMA 18 Congress „Thriving in a Global Market". Methven, New Zealand 2011.

Picot, A., H. Dietl: Transaktionskostentheorie. In: Wirtschaftswissenschaftliches Studium, WIST, H. 4, 1990

Radermacher, F.J., B. Beyers: Welt mit Zukunft. Hamburg 2007

Reimann, G.: Innovative Audits als Tool für Veränderungsprozesse. In: Bundesverband Deutscher Unternehmensberater e. V. (Hrsg.): Den Wandel gestalten. Fachartikelserie des Fachverbands Gründung, Entwicklung und Nachfolge. Bonn 2010

Rieck, C.: Spieltheorie. Eschborn, 2010

Sprenger, R.: Die Entscheidung liegt bei Dir! Frankfurt/M. 1998.

Sprenger, R.K.: Mythos Motivation. Frankfurt/M. 2005

Statistisches Jahrbuch, verschiedene Jahrgänge. Berlin o.J.

Süddeutsche Zeitung vom 10.09.2012

United Nations, Department of Economic and Social Affairs, Population Division (2011): World Population Prospects: The 2010 Revision. New York
Vester, F.: Die Kunst vernetzt zu denken. Stuttgart 1999.
Züger, R.-M.: Organisation – Management-Basiskompetenz. Zürich 2007

Wichtige Adressen

Andreas Hermes Akademie:
www.andreas-hermes-akademie.de
Hochschule Neubrandenburg, Agrarwirtschaft:
www.hs-nb.de/studiengang-aw/
Dr. Langosch, Rumberg & Partner:
www.dlrp.de

Bildquellen

Titelbild: Friedberg/Fotolia.com

Die Zeichnungen fertigte Artur Piestricow, Stuttgart, nach Vorlagen des Autors.

Stichwortverzeichnis

Prof. Dr. Rainer Langosch ist Unternehmensberater und Professor für Unternehmensführung, Kommunikation und Beratungsmethodik an der Hochschule Neubrandenburg. Für die Andreas Hermes Akademie leitet er seit über 10 Jahren Unternehmertrainings.

Bibliografische Information der Deutschen Nationalbibliothek
Die Deutsche Nationalbibliothek verzeichnet diese Publikation in der Deutschen Nationalbibliografie; detaillierte bibliografische Daten sind im Internet über http://dnb.d-nb.de abrufbar.

Wollgrasweg 41, 70599 Stuttgart (Hohenheim)
E-Mail: info@ulmer.de
Internet: www.ulmer.de
Lektorat: Werner Baumeister
Herstellung: Gabriele Wieczorek
Umschlagentwurf: FreiraumK, Karen Neumeister, Stuttgart
Satz: r&p digitale medien, Echterdingen
Druck und Bindung: Graph. Großbetrieb Friedrich Pustet, Regensburg
Printed in Germany

ISBN 978-3-8001-7782-0